·高等学校计算机基础教育教材精选·

Visual Basic程序设计习题与实验指导

訾秀玲 等 编著

U0131855

清华大学出版社

北京

内 容 简 介

本书是《Visual Basic 程序设计》一书的配套教材。本书分为习题篇和实验篇两部分,习题篇提供了习题解析、习题及习题参考答案,学生可以通过习题解析来理解相关知识点概念,有利于提高学生对知识点概念的掌握;实验篇提供了分章主体实验篇、分类阶梯实验篇两种实验。其中分章主体实验篇按章节提供了实验目的、实验要求和内容、实验方法及示例,学生通过示例中的详细操作步骤,得到操作应用的启发,以提高其实验的操作应用能力;在分类阶梯实验篇中分基本操作题、简单应用题和综合应用题3类,使学生可以由浅入深地分类进行练习。

本书结构清晰,习题解析清晰、清楚;实验示例操作步骤详细,适用于读者自学练习,适合作为高等学校相关专业的教材参考书,也可作为社会各类学校学习 Visual Basic 程序设计的教材配套参考书。希望本书对使用 Visual Basic 的读者会有所帮助,并希望读者喜欢本书的写作风格。

本书配有实验素材,需要者可与清华大学出版社联系。

图书在版编目(CIP)数据

Visual Basic 程序设计习题与实验指导/訾秀玲等编著. —北京:清华大学出版社,
2009.2
(高等学校计算机基础教育教材精选)
ISBN 978-7-302-19193-3

Ⅰ. V…　Ⅱ. 訾…　Ⅲ. BASIC 语言－程序设计－高等学校－教学参考资料
Ⅳ. TP312

中国版本图书馆 CIP 数据核字(2009)第 013242 号

责任编辑:张　民　张为民
责任校对:焦丽丽
责任印制:杨　艳

出版发行:清华大学出版社　　　　　　　　地　　　址:北京清华大学学研大厦 A 座
　　　　　http://www.tup.com.cn　　　　邮　　　编:100084
　　　　　社　总　机:010-62770175　　　邮　　　购:010-62786544
　　　　　投稿与读者服务:010-62776969,c-service@tup.tsinghua.edu.cn
　　　　　质　量　反　馈:010-62772015,zhiliang@tup.tsinghua.edu.cn
印　装　者:清华大学印刷厂
经　　　销:全国新华书店
开　　本:185×260　印　张:16.75　　　　字　　数:405 千字
版　　次:2009 年 2 月第 1 版　　　　　　印　　次:2009 年 2 月第 1 次印刷
印　　数:1～5000
定　　价:23.80 元

本书如存在文字不清、漏印、缺页、倒页、脱页等印装质量问题,请与清华大学出版社出版部联系调
换。联系电话:010-62770177 转 3103　　产品编号:031338-01

出版说明

在教育部关于高等学校计算机基础教育三层次方案的指导下,我国高等学校的计算机基础教育事业蓬勃发展。经过多年的教学改革与实践,全国很多学校在计算机基础教育这一领域中积累了大量宝贵的经验,取得了许多可喜的成果。

随着科教兴国战略的实施以及社会信息化进程的加快,目前我国的高等教育事业正面临着新的发展机遇,但同时也必须面对新的挑战。这些都对高等学校的计算机基础教育提出了更高的要求。为了适应教学改革的需要,进一步推动我国高等学校计算机基础教育事业的发展,我们在全国各高等学校精心挖掘和遴选了一批经过教学实践检验的优秀的教学成果,编辑出版了这套教材。教材的选题范围涵盖了计算机基础教育的三个层次,包括面向各高校开设的计算机必修课、选修课以及与各类专业相结合的计算机课程。

为了保证出版质量,同时更好地适应教学需求,本套教材将采取开放的体系和滚动出版的方式(即成熟一本,出版一本,并保持不断更新),坚持宁缺毋滥的原则,力求反映我国高等学校计算机基础教育的最新成果,使本套丛书无论在技术质量上还是文字质量上均成为真正的"精选"。

清华大学出版社一直致力于计算机教育用书的出版工作,在计算机基础教育领域出版了许多优秀的教材。本套教材的出版将进一步丰富和扩大我社在这一领域的选题范围、层次和深度,以适应高校计算机基础教育课程层次化、多样化的趋势,从而更好地满足各学校由于条件、师资和生源水平、专业领域等的差异而产生的不同需求。我们热切期望全国广大教师能够积极参与到本套丛书的编写工作中来,把自己的教学成果与全国的同行们分享;同时也欢迎广大读者对本套教材提出宝贵意见,以便我们改进工作,为读者提供更好的服务。

我们的电子邮件地址是 jiaoh@tup.tsinghua.edu.cn。联系人:焦虹。

清华大学出版社

前言

本书是教材《Visual Basic 程序设计》的配套教学参考书,分为习题篇和实验篇。习题篇采用了大量的全国等级考试试题,提供了习题练习、习题解析和习题参考答案。实验篇提供了针对《Visual Basic 程序设计》主要章节的实验,包括实验目的、实验要求及内容、实验方法及示例,同时还提供了分类阶梯实验。

为了配合教学,以及提高学生对知识点的理解和操作应用能力,在习题篇中,学生可以通过习题解析来理解相关知识点的概念。在实验篇中,学生通过主体实验中示例的详细操作步骤,得到操作应用的启发,提高实验的操作应用能力;在分类阶梯实验中有基本操作、简单应用、综合应用三类,学生可以由浅入深地分类进行练习。

本书习题及实验与教材《Visual Basic 程序设计》中的各章节基本配套,包括 Visual Basic 概述、Visual Basic 程序设计基础、窗体及控件、Visual Basic 控制结构、数组、过程、多窗体的程序设计、数据文件、菜单程序设计、对话框程序设计、访问数据库、键盘与鼠标事件过程等章节概念的习题和实验内容。本书习题及实验建议用 20～30 学时进行教学。

本书习题篇由訾秀玲、于宁、陈世红、聂清林编写,实验篇由于宁、陈世红编写,全书由訾秀玲统稿。由于作者水平有限,书中难免存在不妥之处,敬请广大读者批评指正,电子邮箱是 zi_xiuling@263.net。

本书提供配套习题与实验中的实验素材电子文档,方便读者对实验内容进行操作练习,需要可与清华大学出版社(www.tup.com.cn)联系。

作　者

2008 年 11 月

目录

第一篇　Visual Basic 程序设计习题

第

一 篇

Visual Basic 程序设计习题

第 1 章 Visual Basic 概述

1.1 例题解析

一、选择题

1. 下列属于面向对象的语言是_____。

A) C　　　　　　　　B) Basic　　　　　C) Pascal　　　　　D) Visual Basic

【解析】　除了 Visual Basic 是面向对象外,其他选项都是面向过程的语言。因此正确答案是 D。

2. 不能在 Visual Basic 6.0 的标题栏上显示的是_____。

A) 当前的工程名　　　B) 模式状态　　　C) 退出按钮　　　D) 设计方案

【解析】　标题栏显示当前工程名称和模式状态。Visual Basic 有设计模式、运行模式和中断模式三种模式状态。标题栏的左侧有控制菜单,右侧有最小化、最大化(还原)和关闭按钮。因此正确答案是 D。

3. "新建工程"命令项在_____菜单项中。

A) 文件　　　　　　　B) 工程　　　　　C) 工具　　　　　D) 编辑

【解析】　"新建工程"命令项在"文件"菜单中。"工程"菜单项主要用来为工程添加或删除各种组件,"工具"菜单项主要用于对选项的设置,"编辑"菜单项用于对对象的编辑操作。因此正确答案是 A。

4. 在 Visual Basic 6.0 可视化编程环境中的设计模式状态下,双击窗体上的某个控件,打开的窗口是_____。

A) 工程资源管理　　　B) 代码窗口　　　C) 属性窗口　　　D) 工具箱窗口

【解析】　双击窗体上的控件将打开"代码窗口"。也可以选择"视图"菜单项,选择"代码窗口",或在"工程资源管理窗口"单击"查看代码"按钮来查看代码。因此正确答案是 B。

5. 窗体设计器是用来_____。

A) 设计应用程序的界面　　　　　　　B) 编写代码

C) 设置对象属性　　　　　　　　　　D) 调试应用程序

【解析】 窗体设计器是用来设计应用程序的界面,代码窗口是用来编写代码,属性窗口是用来设置对象属性,调试窗口是用来调试应用程序。因此正确答案是 A。

6. Visual Basic 6.0 的主窗口不包括_____。

A) 标题栏　　　　　B) 菜单栏　　　　　C) 属性窗口　　　D) 工具栏

【解析】 主窗口由标题栏、菜单栏和工具栏组成,属性窗口属于 Visual Basic 的其他窗口。因此正确答案是 C。

7. 下列关于工具栏的叙述,正确的是_____。

A) 不能自定义工具栏　　　　　　　B) 工具栏总是固定的,不能移动

C) 每种工具栏都有固定和浮动两种形式　D) 集成开发环境中只能有一个工具栏

【解析】 Visual Basic 的工具栏都有固定和浮动两种形式。因此正确答案是 C。

8. 在 Visual Basic 中窗体文件的扩展名是_____。

A) vbp　　　　　　B) frm　　　　　　C) cls　　　　　D) bas

【解析】 Visual Basic 的窗体文件扩展名 frm,vbp 是工程文件的扩展名,cls 是类模块文件的扩展名,bas 是标准模块文件的扩展名。因此正确答案是 B。

9. 事件过程是指在_____时所执行的代码。

A) 运行程序　　　　B) 设置属性　　　　C) 使用控件　　　D) 响应事件

【解析】 事件过程是指响应事件时所执行的代码。因此正确答案是 D。

10. 下列不能打开属性窗口的操作是_____。

A) 选择"视图"菜单中"属性窗口"命令　B) 单击工具栏上的"属性窗口"按钮

C) 按 F4 键　　　　　　　　　　　D) 按 Ctrl+t 键

【解析】 选择"视图"菜单中"属性窗口"命令,或单击工具栏上的"属性窗口"按钮,或按 F4 键都可以打开属性窗口。因此正确答案是 D。

二、填空题

1. Visual Basic 的编程机制是_____。

【解析】 Visual Basic 的编程机制是事件驱动。因此正确答案是:事件驱动。

2. Visual Basic 的三种模式状态是_____。

【解析】 Visual Basic 有设计模式、运行模式和中断模式三种模式状态。因此正确答案是:设计模式、运行模式、中断模式。

3. 属性窗口的作用是_____。

【解析】 属性窗口是用来设置选定的窗体或控件的属性值。因此正确答案是:设置选定控件对象的属性。

4. 窗体文件的扩展名是_____。

【解析】 Visual Basic 的窗体文件扩展名是 .frm,.vbp 是工程文件的扩展名,.cls 是类模块文件的扩展名,.bas 是标准模块文件的扩展名。因此正确答案是:.frm。

5. 标准模块文件的扩展名是_____。

【解析】 参见第 4 题中的解析。因此正确答案是:.bas。

1.2 自测练习题

一、选择题

1. 在设计阶段,当双击窗体上的某个控件时,所打开的窗口是_____。
A) 工程资源管理器窗口　　　　　　B) 工具箱窗口
C) 代码窗口　　　　　　　　　　　D) 属性窗口

2. 以下叙述中正确的是_____。
A) 窗体的 Name 属性指定窗体的名称,用来标识一个窗体
B) 窗体的 Name 属性的值是显示在窗体标题栏中的文本
C) 可以在运行期间改变对象的 Name 属性的值
D) 对象的 Name 属性值可以为空

3. 刚建立一个新的标准 EXE 工程后,不在工具箱中出现的控件是_____。
A) 单选按钮　　　B) 图片框　　　C) 通用对话框　　　D) 文本框

4. 以下不能在"工程资源管理器"窗口中列出的文件类型是_____。
A) .bas　　　　　B) .res　　　　　C) .fnn　　　　　D) .ocx

5. 以下叙述中错误的是_____。
A) 在工程资源管理器窗口中只能包含一个工程文件及属于该工程的其他文件
B) 以 .bas 为扩展名的文件是标准模块文件
C) 窗体文件包含该窗体及其控件的属性
D) 一个工程中可以含有多个标准模块文件

6. 假定一个 Visual Basic 应用程序由一个窗体模块和一个标准模块构成。为了保存该应用程序,以下正确的操作是_____。
A) 只保存窗体模块文件
B) 分别保存窗体模块、标准模块和工程文件
C) 只保存窗体模块和标准模块文件
D) 只保存工程文件

7. 下列不能打开属性窗口的操作是_____。
A) 选择"视图"菜单中"属性窗口"命令
B) 单击工具栏上的"属性窗口"按钮
C) 按 F4 键
D) 按 Ctrl＋t 键

8. 事件过程是指在_____时所执行的代码。
A) 运行程序　　　B) 设置属性　　　C) 使用控件　　　D) 响应事件

9. 窗体设计器是用来_____。
A) 设计应用程序的界面　　　　　　B) 编写代码
C) 设置对象属性　　　　　　　　　D) 调试应用程序

10. "新建工程"命令项在_____菜单项中。

A) 文件　　　　　　　B) 工程　　　　　C) 工具　　　　　D) 编辑

11. Visual Basic 的特点不包括_____。

A) 不需要编程　　　　　　　　B) 面向对象的程序设计

C) 可视化程序设计　　　　　　D) 事件驱动的程序设计

12. 不能在 Visual Basic 的标题栏上显示的是_____。

A) 当前工程名　　　　　　　　B) 模式状态

C) 退出按钮　　　　　　　　　D) 设计方案

13. 用来设置控件属性的窗口是_____。

A) 工程资源管理期　　B) 属性窗口　　C) 工具箱窗口　　D) 窗体设计器

14. 下列关于方法的说法,错误的是_____。

A) 方法是对象的一部分　　　　B) 方法的操作是预先定义的

C) 方法是对事件的响应　　　　D) 方法是完成某些特定功能的

15. 假定一个 Visual Basic 应用程序由一个窗体模块和一个标准模块构成。为了保存该应用程序,以下正确的操作是_____。

A) 只保存窗体文件

B) 分别保存窗体模块、标准模块和工程文件

C) 只保存窗体模块和标准模块文件

D) 只保存工程文件

16. 以下叙述错误的是_____。

A) 打开一个工程文件时,系统自动装入与该工程有关的窗体、标准模块等文件

B) 当程序运行时,双击一个窗体,则触发该窗体的 DblClick 事件

C) Visual Basic 应用程序只能以解释方式执行

D) 事件可以由用户引发,也可以由系统引发

17. 以下关于 Visual Basic 特点的叙述中,错误的是_____。

A) Visual Basic 是采用事件驱动编程机制的语言

B) Visual Basic 程序既可以编译运行,也可以解释运行

C) 构成 Visual Basic 程序的多个过程没有固定的执行程序

D) Visual Basic 程序不是结构化程序,不具备结构化程序的三种基本结构

18. 以下叙述中,错误的是_____。

A) 在 Visual Basic 对象中,所能响应的事件是由系统定义的

B) 对象的任何属性既可以通过属性窗口设定,也可以通过程序语句设定

C) Visual Basic 中允许不同对象使用相同名称的方法

D) Visual Basic 中的对象具有自己的属性和方法

19. 以下叙述中,错误的是_____。

A) 一个 Visual Basic 应用程序可以包含多个标准模块文件

B) 一个 Visual Basic 工程可以含有多个窗体文件

C) 标准模块文件可以属于某个指定的窗体文件

D) 标准模块文件的扩展名是. bas

20. 能被对象所识别的动作与对象可执行的动作分别称为对象的_____。

A) 方法、事件 B) 事件、方法
C) 事件、属性 D) 过程、属性

二、填空题

1. Visual Basic 6.0 的可执行文件是_____。

2. 工具栏中的"启动"按钮的作用是_____。

3. 属性窗口的的作用是_____。

4. 为了让事件执行所要的效果,需要在对象事件中_____。

5. 标题栏显示的是_____。

6. 在设计模式下,工程中的某个窗体没有出现,若要将相应的窗体名出现,可通过双击的窗口是_____。

7. Visual Basic 有三种运行模式,分别是设计模式、运行模式和_____。

8. 对象的特征称为_____。

9. 对象能够执行的操作称为_____。

10. 对象能够识别的操作称为_____。

1.3   自测练习题参考答案

一、选择题

1	2	3	4	5	6	7	8	9	10
C	A	C	D	A	B	D	D	A	A
11	12	13	14	15	16	17	18	19	20
A	D	C	A	B	C	D	C	C	B

二、填空题

1. vb6.exe

2. 运行一个应用程序

3. 设置选定控件对象的属性

4. 编写相应代码

5. 当前工程名称和模式状态

6. 工程资源管理器

7. 中断模式

8. 属性

9. 方法

10. 事件

第 2 章 Visual Basic 程序设计基础

2.1 例 题 解 析

一、选择题

1. 下列是字符串类型的是_____。

A) 'Visual Basic'   B) "Visual Basic"

C) ♯Visual Basic♯   D) ＆Visual Basic＆

【解析】 在 Visual Basic 中,用一对双引号(即双撇号)括起的内容为字符串数据类型。单引号用来注释语句,一对"♯"中的内容表示是日期型的数据,一对"＆"中的内容表示八进制数据。因此正确答案是 B。

2. 以下声明语句中错误的是_____。

A) Const var1＝123   B) Dim var2＝'ABC'

C) Public var1 As Integer   D) Static var3 As Integer

【解析】 在 A 选项中是定义常量的常规方法,在 C 选项中是定义一个全局变量,在 D 选项中是定义一个静态变量,在 B 选项中可以看出是想在声明变体变量 var2 的同时进行赋值,在 Visual Basic 中是不允许的,只能先定义 Dim var2 As String：var2＝'ABC'。因此正确答案是 B。

3. 若有一个 Dim var1 As Integer 声明,如果 Sgn(var1)的函数值是－1,则 var1 的值是_____。

A) 整数   B) 大于 0 的整数

C) 等于 0 的整数   D) 小于 0 的整数

【解析】 Sgn 函数的作用是凡会参数的符号位。若参数大于 0,返回值为 1;若参数等于 0,返回值为 0;若参数小于 0,返回值为－1。因此正确答案是 D。

4. 设 a＝3,b＝5,则以下表达式值为 True 的是_____。

A) a＞＝b And b＞10   B) (a＞b) Or (b＞0)

C) (a＜0) Eqv (b＞0)   D) (－3＋5＞a) And (b＞0)

【解析】 在 A 选项中逻辑与 And 左边的表达式 a＞＝b 的关系表达式的结果是

False,逻辑与 And 两边的表达式结果都为 True 时,其结果才能为 True。因此,A 选项表达式的结果为 False。在 B 选项中逻辑或 Or 两边的表达式都为 True,只要有一边为 True,其结果就为 True,因此,B 选项表达式的结果为 True。在 C 选项中逻辑等价运算,两边表达式中有一边为 False,其结果为 False;两边表达式都为 False 或都为 True,其结果为 True。因此,C 选项表达式的结果为 False。在 D 选项中逻辑与 And 左边的表达式(-3+5>a),先计算-3+5,结果为 2,然后 2>a 的判断为 False,逻辑与 And 两边的表达式结果都为 True 时,其结果才能为 True。因此,D 选项表达式的结果为 False。因此正确答案是 B。

5. 函数 Int(100 * Rnd+1)的取值范围是_____。

A) 从 1 到 100   B) 从 0 到 100   C) 从 1 到 101   D) 从 0 到 101

【解析】 Rnd 函数的作用是产生 0~1 之间的随机数(不包括 1),若要产生[a,b]区间范围内的随机数,可以使用公式 Int (b-a+1) * Rnd+a)。因此函数 Int(100 * Rnd+1)的取值范围应该是 1~100。因此正确答案是 D。

6. 如果将逻辑值 True 赋值给一个整型变量,则整型变量的值为_____。

A) 0   B) -1   C) True   D) False

【解析】 在 Visual Basic 中,True 对应于数值为-1,而 False 对应数值为 0。因此正确答案是 B。

7. 表达式 4+5\6 * 7/8 Mod 9 的值是_____。

A) 4   B) 5   C) 6   D) 7

【解析】 在 Visual Basic 中,算术表达式的运算顺序为"^→-(负号)→ * 和/→\(整除)→Mod→+和-",该表达式是先计算 6 * 7/8=5.25→5\5.25=1→1 Mod 9=1→4+1=5,表达式结果为 5。因此正确答案是 B。

8. 已知语句 Dim test1&,则变量 test1 的类型是_____。

A) 可变型   B) 单精度型   C) 双精度型   D) 长整型

【解析】 在 Visual Basic 中,变量名中的最后一个字符可以是%、&、!、♯、$、@ 等表示数据类型的声明符。%类型符表示整型、& 类型符表示长整型、! 类型符表示单精度浮点型、♯类型符表示双精度浮点型、$ 数据类型表示字符型、@数据类型表示货币型。因此正确答案是 D。

9. 表示变体型数据的名称是_____。

A) Int   B) Double   C) Single   D) Variant

【解析】 在 A 选项中是整数型,B 选项中是双精度型,C 选项中是单精度型,D 选项中是变体型。因此正确答案是 D。

10. 声明一个静态变量的关键字是_____。

A) Dim   B) Private   C) Static   D) Public

【解析】 在 A 选项中是声明普通局部变量的关键字,B 选项中是声明模块变量的关键字,C 选项中是声明静态变量的关键字,D 选项中是声明全局变量的关键字。因此正确答案是 C。

二、填空题

1. 在 Visual Basic 中实数类型包括 _____。

【解析】 在 Visual Basic 中实数类型包括单精度和双精度型。因此正确答案是：单精度型和双精度型。

2. 声明一个常量的关键字是 _____。

【解析】 在 Visual Basic 中用 Const 关键字来声明一个常量。因此正确答案是：Const。

3. 在 Visual Basic 中,变量名的规定是首字符必须是字母或汉字开头,总长度的字符个数不能超过_____。

【解析】 在 Visual Basic 中变量名的规定是首字符必须是字母或汉字开头,总长度的字符不能超过 255 个。因此正确答案是:255。

4. 表达式 $2*3\verb|^|2+2*8/4+3\verb|^|2$ 的值是 _____。

【解析】 在 Visual Basic 中算术表达式的运算顺序为"^→－(负号)→ * 和/→\(整除)→Mod→＋和－",因此正确答案是:31。

5. 表达式 Len(Str(56.8)＋Left("Good",2))的值是 _____。

【解析】 在 Visual Basic 中 Str 函数是将一个数值型数据转换为字符串型数据,当数值转换字符串时,字符串的第一位是一个空格或是一个正负号。表达式 Str(56.8)＝"56.8",长度为 5;Left("Good",2)＝ "Go",长度为 2,Len 函数是测试字符串长度,因此 5＋2 的长度为 7。因此正确答案是:7。

2.2 自测练习题

一、选择题

1. 数值型数据包括_____。

A) 单精度和双精度　　　　　　　　B) 整数型和长整型

C) 整型和实数型　　　　　　　　　D) Currency 型和 Decimal 型

2. 关于 Visual Basic 程序的说法不正确的是_____。

A) 一行可以写多条语句

B) 一条语句可以写在多行上,用"空格"加"_"作为续行标志

C) 程序中的大小写不区分

D) 变量在使用之前必须先定义

3. 表达式 33 Mod17\3 * 2 的值是_____。

A) 10　　　　　　B) 1　　　　　　C) 2　　　　　　D) 3

4. 下列不能做 Visual Basic 中变量名的是_____。

A) F1　　　　　　B) good　　　　　　C) 1F　　　　　　D) ABC

5. 字符串变量未赋值时它的默认值为_____。

A) Null　　　　　　B) 0　　　　　　C) 空串　　　　　　D) Error

6. 表达式 Len("Hello,I am Join")的值是_____。

A) 15　　　　　　　B) 13　　　　　　C) 14　　　　　　D) 17

7. 下列运算中值最大的是_____。

A) 8\7　　　　　　　B) 8/7　　　　　　C) 8 Mod 7　　　　D) 7 Mod 8

8. 语句 Y＝Y－1 的含义是_____。

A) 变量 Y 的值与它的值减 1 的值的比较

B) 把变量 Y 的值存入它减 1 的位置上

C) 把变量 Y 的值减 1 后赋值给变量 Y

D) 没意义

9. 以下关系表达式中其值为 False 的是_____。

A) "ABC"＞"abcC"　　　　　　　　　B) "the"＜＞"they"

C) "VISUAL"＝Ucase("Visual")　　　D) "Integer"＞"Int"

10. 函数 String(n,"str")的功能是_____。

A) 把数值型数据转换为字符串

B) 返回由 n 个字符组成的字符串

C) 从字符串中取出 n 个字符

D) 从字符串中第 n 个字符的位置开始取自字符串

11. 下列属于 2008 年 8 月 8 日的日期型常量是_____。

A) "2008-08-08"　　　　　　　　B) ♯2008-08-08♯

C) 2008-08-08　　　　　　　　　D) 2008 年 08 月 08 日"

12. 下列属于双精度型变量的是_____。

A) AAA％　　　　B) BBB＄　　　　C) CCC！　　　　D) DDD♯

13. 下列属于字符型常量的是_____。

A) " Student "　　　B) 'BBB'　　　C) ♯2008-08-08♯　　D) DDD♯

14. 表达式 Abs(－8)＋Len(" Student ",3)的值是_____。

A) 8 Student　　　B) 8 Student　　　C) 出错　　　　D) 11

15. 下列符号常量声明中,不合法的是_____。

A) Const x As Single＝1.1　　　　　B) Const x As Integer＝12

C) Const x As Double＝Sin(1)　　　D) Const x ＝" Student "

16. 设有 Dim test1 As Date 变量声明语句,为变量正确赋值的表达式是_____。

A) test1＝♯2008-8-1♯　　　　　　B) test1＝♯"2008-8-1"♯

C) test1＝Date("2008-8-1")　　　　D) test1＝Format("m/d/yy","2008-8-1")

17. 如果变量 X 是 Int 类型,则执行语句 X＝"5"＋3 后 X 的值是_____。

A) 2　　　　　　　B) 53　　　　　　C) 8　　　　　　D) 错误

18. 在 Visual Basic 中 Integer 数据类型数据占用字节内存是_____。

A) 2　　　　　　　B) 4　　　　　　C) 8　　　　　　D) 16

19. 可以同时删除字符串前导和尾部空白的函数是_____。

A) Ltrim   B) Rtrim   C) trim   D) Mid

20. 执行下列程序段后,变量 C$ 的值是_____。

```
A$="Visual Basic Programing "
B$=" Quick "
C$=B$ & UCase(Mid$ (A$,7,6)) & Right$ (A$,11)
```

A) Visual Basic Programing   B) Quic Visual Basic Programing

C) Quic Visual Basic   D) Quic Basic Programing

二、填空题

1. Visual Basic 中实数型包括单精度型和 _____。
2. Visual Basic 的变量分为三种,有局部变量、全局变量和_____。
3. 声明一个常量的关键字是_____。
4. ♯08/01/08♯ 的结果是_____。
5. 如果 Sgn(X)的值是—1,则说明 X 的值是_____。
6. X≠0 且 X<=50 的逻辑表达式是_____。
7. 变量未赋值,如果该变量是整型,它的值是_____。
8. 表达式 45 Mod 3 * 5^2/4\3 的值是_____。
9. 表达式 Len(Str(17.35)) Mod 2 的值是 _____。
10. 函数 Int(Rnd(0) * 10)产生随机数的范围是_____。

2.3 自测练习题参考答案

一、选择题

1	2	3	4	5	6	7	8	9	10
C	D	B	C	C	A	B	C	A	B

11	12	13	14	15	16	17	18	19	20
B	D	A	D	C	A	C	A	C	D

二、填空题

1. 双精度型
2. 模块变量
3. Const
4. 2008 年 8 月 1 日
5. 小于 0 的整数

6. X<>0 And x<=50
7. 0
8. 3
9. 0
10. (0,10)

第 3 章　窗体及控件

3.1　例 题 解 析

一、选择题

1. 在窗体上画一个命令按钮,其名称为 Command1,然后编写如下事件代码:

```
Private Sub Command1_Click()
 a=12345
 Print Format$ (a, "000.00")
End Sub
```

程序运行后,单击命令按钮,窗体上显示的是_____。
A) 123.45　　　　B) 12345.00　　C) 12345　　　　D) 00123.45
【解析】　在 Print 方法中使用格式输出 Format 函数,可以使数值按指定的格式进行输出,格式说明符 0 表示在数字占位符,在输出前、后补 0;对于 Format$(a, "000.00"),输出的数据整数部分比格式字符串指定的长,整数部分照样输出,小数部分补两个 0。如果整数部分长度小于格式字符串指定的长度,则在整数前补 0,小数部分长度大于格式字符串长度,则将多余的数字按四舍五入处理。因此正确答案是 B。

2. 设有语句 X＝InputBox("输入数值","0","示例"),程序在运行后,如果从键盘上输入数值 0 并按回车键,则下列叙述中正确的是_____。
A) 变量 X 的值是数值 10
B) 变量 X 的值是字符串"10"
C) 在 InputBox 对话框标题栏中显示的是"示例"
D) 0 是默认值
【解析】　InputBox 函数的格式:

< 变量> =InputBox(<提示信息>[,<对话框标题>][,<默认内容>][,<X坐标位置>][,<Y坐标位置>])

通过 InputBox 函数可以产生一个对话框,作为输入数据的界面,等待用户输入数据,当用户输入数据后,单击"确定"按钮,该函数返回所输入的内容,该函数返回的内容为字

符型类型。该语句"输入数值"是提示信息,"0"是对话框标题,"示例"是默认值。因此正确答案是 B。

3. 下列语句之行后,产生的信息框的标题是_____。

```
Dim s As String
S=MsgBox("ABCD", , "EFGH","",5)
```

A) ABCD 值　　　　B) EFGH　　　　C) 无标题　　　　D) 程序出错

【解析】　MsgBox 函数的格式:

<变量>=MsgBox(<提示信息>[,<按钮类型>][,<对话框标题>][帮助文件,帮助主题的帮助索引号])

在执行 MsgBox 函数语句时,系统在屏幕弹出一个对话框,在对话框中显示提示信息,用户可以进行命令按钮的选择,根据选择确定其后的操作,并且可以返回一个整数用以标明用户单击了哪个命令按钮的返回值。该语句第一个参数"ABCD"为信息框的提示信息,第二个参数没有给出,将取默认的"确定"按钮类型,第三个参数是"EFGH"为信息框标题,第四个参数中指定了帮助主题的帮助索引号 5,将弹出一个"帮助"按钮。因此正确答案是 B。

4. 以下关于 MsgBox 的叙述中,错误的是_____。

A) MsgBox 函数返回一个整数

B) 通过 MsgBox 函数可以设置信息框中图标和按钮的类型

C) MsgBox 语句没有返回值

D) MsgBox 函数的第二个参数是一个整数,该参数只能确定对话框中显示的按钮数量

【解析】　MsgBox 函数的格式:

<变量>=MsgBox(<提示信息>[,<按钮类型>][,<对话框标题>][帮助文件,帮助主题的帮助索引号])

第二个参数可以设置整数或对应的按钮选项,它可以指定对话框中显示的按钮数量和类型。因此正确答案是 D。

5. 设窗体上有一个文本框,名称为 text1,程序运行后,要求该文本框只能显示信息,不能接受输入的信息,以下能实现该操作的语句是_____。

A) text1. MaxLength=0　　　　　　　　B) text1. Enabled=False

C) text1. Visible=False　　　　　　　　D) text1. Width=0

【解析】　text1. MaxLength=0 表示文本框输入的字符串长度只受操作系统的限制;text1. Enabled=False 表示设置文本框不能接受用户输入的信息,如果设置为 True,则可以接受用户输入的数据;text1. Visible=False 表示设置文本框不可见;text1. Width=0 表示设置文本框的宽度为 0。因此正确答案是 B。

6. 在标签中有一个属性,可以显示信息,这个属性是_____。

A) Text　　　　　B) Caption　　　　C) BorderStyle　　　　D) AutoSize

【解析】　在标签控件中,Caption 属性用于设置标签显示的文本,Text 属性用于设置

文本框的文本。因此正确答案是 A。

7. 为了在按下 Esc 键时,就会执行某个命令按钮的 Click 事件过程,则要把该命令按钮的一个属性设置为 True,这个属性是_____。

A) Value   B) Default   C) Cancel   D) Enabled

【解析】 将命令按钮的 Cancel 属性设置为 True,当用户按下 Esc 键时,该命令按钮就会触发其 Click 事件。因此正确答案是 C。

8. 当一个复选框被选中时,它的 Value 属性的值是_____。

A) 3   B) 2   C) 1   D) 0

【解析】 当复选框的 Value 属性为 0 时,表示该复选框未被选中,Value 属性为 1 时,表示该复选框被选中,Value 属性为 2 时,表示该复选框被选中且用户不能改变其状态,Value 属性值没有 3。因此正确答案是 C。

9. 要清除列表框 List1 的全部列表项,应使用命令_____。

A) List. Del   B) List. Cls   C) List. Clear   D) List. Remove

【解析】 Clear 方法是用来将列表框的全部列表项删除。因此正确答案是 C。

10. 在窗体上添加一个名称为 Timer1 的计时器控件,要求每隔 0.5 秒发生一次计时器事件,以下正确的属性设置语句是_____。

A) Timer1. Interval＝0.5   B) Timer1. Interval＝5

C) Timer1. Interval＝50   D) Timer1. Interval＝500

【解析】 计时器的 Interval＝属性是以毫秒为单位的,这里 0.5 秒等于 500 毫秒,因此应将 Interval 的属性值设置为 500。因此正确答案是 D。

二、填空题

1. InputBox 函数的参数中必选参数的作用是 _____。

【解析】 InputBox 函数的格式:

＜变量＞＝InputBox(＜提示信息＞[,＜对话框标题＞][,＜默认内容＞] [,＜X 坐标位置＞][,＜Y 坐标位置＞])

其中＜提示信息＞是该函数的必选择项,它是用来显示对话框消息出现的字符串表达式,用于接受数据的提示信息。因此正确答案是:用来显示对话框消息出现的字符串表达式,其主要是用于显示接受信息的提示信息。

2. 执行 MsgBox 函数将返回一个数据,返回数据的类型是_____。

【解析】 MsgBox 函数的格式:

＜变量＞＝MsgBox(＜提示信息＞[,＜按钮类型＞][,＜对话框标题＞][帮助文件,帮助主题的帮助索引号])

在执行 MsgBox 函数语句时,系统在屏幕弹出一个对话框,在对话框中显示提示信息,用户可以进行命令按钮的选择,根据选择确定其后的操作;并且可以返回一个整数用以标明用户单击了哪个命令按钮的返回值。因此正确答案是:Integer 或整型。

3. 在窗体上添加一个文本框控件,然后编写如下事件过程:

```
Private Sub Form_Load()
    Text1.Text="计算机"
End Sub
```

程序运行后,在文本框中显示的内容是_____。

【解析】 本题是在窗体 Load 事件中设置了 Text 属性,当运行程序时文本框显示设置的内容。因此正确答案是:计算机。

4. 复选框的 Value 属性有三种取值 0、1、2,单选按钮有两种状态,取值是_____。

【解析】 复选框的 Value 属性有三种取值 0、1、2,单选按钮有两种状态,取值是 True 和 False。因此正确答案是:True 和 False。

5. 要使一个控件对象获得焦点要调用的方法是_____。

【解析】 SetFocus 是使控件获得焦点的方法。因此正确答案是:SetFocus。

3.2　自测练习题

一、选择题

1. 设有语句 X＝InputBox("输入数值","0","计算"),程序运行后,从键盘输入数值 10 并按回车键,则下列叙述中正确的是_____。

A) 变量 X 的值是数值 10

B) 在 InputBox 对话框标题栏显示的是"计算"

C) 0 是默认值

D) 变量 X 的值是字符串"10"

2. 以下关于窗体的描述中,错误的是_____。

A) 执行 UnloadForml 语句后,窗体 Forml 消失,但仍在内存中

B) 窗体的 load 事件在加载窗体时发生

C) 当窗体的 Enabled 属性为 False 时,通过鼠标和键盘对窗体的操作都被禁止

D) 窗体的 Height、Width 属性用于设置窗体的高和宽

3. 如果要改变窗体的标题,则需要设置的属性是_____。

A) Caption　　　　B) Name　　　　C) BackColor　　　　D) BorderStyle

4. 在窗体上画一个名称为 Command1 的命令按钮,然后编写如下事件过程:

```
Private Sub Command1_Click()
    Move 500,500
End Sub
```

程序运行后,单击命令按钮,执行的操作为_____。

A) 命令按钮移动到距窗体左边界、上边界各 500 的位置

B) 窗体移动到距屏幕左边界、上边界各 500 的位置

C) 命令按钮向左、上方向各移动 500

──────── Visual Basic 程序设计习题与实验指导

D）窗体向左、上方向各移动 500

5. 在窗体上有若干控件,其中有一个名称为 Text1 的文本框,影响 Text1 的 Tab 顺序的属性是_____。

A）TabStop   B）Enabled   C）Visible   D）TabIndex

6. 确定一个控件在窗体上的位置的属性是_____。

A）Width 和 Height   B）Width 或 Height
C）Top 和 Left   D）Top 或 Left

7. 以下叙述中错误的是_____。

A）事件过程是响应特定事件的一段程序   B）不同的对象可以具有相同名称的方法
C）对象的方法是执行指定操作的过程   D）对象事件的名称可以由编程者指定

8. 为了清除窗体上的一个控件,下列正确的操作是_____。

A）按回车键

B）按 Esc 键

C）选择(单击)要清除的控件,然后按 Del 键

D）选择(单击)要清除的控件,然后按回车键

9. 以下叙述中错误的是_____。

A）Visual Basic 是事件驱动型可视化编程工具

B）Visual Basic 应用程序不具有明显的开始和结束语句

C）Visual Basic 工具箱中的所有控件都具有宽度(Width)和高度(Height)属性

D）Visual Basic 中控件的某些属性只能在运行时设置

10. 以下叙述中错误的是_____。

A）双击鼠标可以触发 DblClick 事件

B）窗体或控件的事件的名称可以由编程人员确定

C）移动鼠标时,会触发 MouseMove 事件

D）控件的名称可以由编程人员设定

11. 以下能在窗体 Form1 的标题栏中显示"VisualBasic 窗体"的语句是_____。

A）Form1. Name＝"VisualBasic 窗体"

B）Form1. Title＝"VisualBasic 窗体"

C）Form1. Caption＝"VisualBasic 窗体"

D）Form1. Text＝"VisualBasic 窗体"

12. 以下叙述中错误的是_____。

A）打开一个工程文件时,系统自动装入与该工程有关的窗体、标准模块等文件

B）当程序运行时,双击一个窗体,则触发该窗体的 DblClick 事件

C）Visual Basic 应用程序只能以解释方式执行

D）事件可以由用户引发,也可以由系统引发

13. 设有如下变量声明:

Dim TestDate As Date

为变量 TestDate 正确赋值的表达方式是_____。

A) TextDate＝#1/1/2002#

B) TestDate＝#"1/1/2002"#

C) TextDate＝date("1/1/2002")

D) TestDate＝Format("m/d/yy","1/1/2002")

14. 在窗体上画一个名称为 Command1 的命令按钮,然后编写如下程序:

```
Private Sub Command1_Click()
  Static X As Integer
  Static Y As Integer
  Cls
  Y=1
  Y=Y+5
  X=5+X
  Print X,Y
End Sub
```

程序运行时,三次单击命令按钮 Command1 后,窗体上显示的结果为_____。

A) 15 16   B) 15 6   C) 15 15   D) 5 6

15. 执行如下语句:

```
A= InputBox("Today","Tomorrow","Yesterday",,,"Day before yesterday",5)
```

将显示一个输入对话框,在对话框的输入区中显示的信息是_____。

A) Today   B) Tomorrow

C) Yesterday   D) Day before yesterday

16. 在窗体上画一个文本框、一个标签和一个命令按钮,其名称分别为 Text1、Label1 和 Command1,然后编写如下两个事件过程:

```
Private Sub Command1_Click()
  strText= InputBox("请输入")
  Text1.Text=strText
End Sub
Private Sub Text1_Change()
  Label1.Caption=Right(Trim(Text1.Text), 3)
End Sub
```

程序运行后,单击命令按钮,如果在输入对话框中输入 abcdef,则在标签中显示的内容是_____。

A) 空   B) abcdef   C) abc   D) def

17. 语句 Print 5/4 * 6\5 Mod 2 的输出结果是_____。

A) 0   B) 1   C) 2   D) 3

18. 以下关于 MsgBox 的叙述中,错误的是_____。

A) MsgBox 函数返回一个整数

B) 通过 MsgBox 函数可以设置信息框中图标和按钮的类型

C) MsgBox 语句没有返回值

D) MsgBox 函数的第一个参数是一个整数,该参数只能确定对话框中显示的按钮数量

19. 在窗体上画一个命令按钮和一个文本框,其名称分别为 Command1 和 Text1,把文本框的 Text 属性设置为空白,然后编写如下事件过程:

```
Private Sub Command1_Click()
    a=InputBox("Enter an integer")
    b=InputBox("Enter an integer")
    Text1.Text=b+a
End Sub
```

程序运行后,单击命令按钮,如果在输入对话框中分别输入 8 和 10,则文本框中显示的内容是_____。

A) 108   B) 18   C) 810   D) 出错

20. 以下能够触发文本框 Change 事件的操作是_____。

A) 文本框失去焦点   B) 文本框获得焦点

C) 设置文本框的焦点   D) 改变文本框的内容

21. 在窗体上有:一个文本框控件,名称为 TxtTime;一个计时器控件,名称为 Timer1。要求每一秒钟在文本框中显示一次当前的时间。程序为:

```
Private Sub Timer1_ ()
  TxtTime.text=Time
End Sub
```

在下划线上应填入的内容是_____。

A) Enabled   B) Visible   C) Interval   D) Timer

22. 在窗体上画:两个单选按钮,名称分别为 Option1、Option2,标题分别为"宋体"和"黑体";一个复选框,名称为 Check1,标题为"粗体";一个文本框,名称为 Text1,Text 属性为"改变文字字体"。要求程序运行时,"宋体"单选按钮和"粗体"复选框被选中,则能够实现上述要求的语句序列是_____。

A)
```
Option1.value=True
Check1.Value=False
```

B)
```
Option1.Value=True
Check1.Value=True
```

C)
```
Option2.Value=False
Check1.Value=True
```

D)
```
Option1.Value=True
Check1.Value=1
```

23. 图像框有一个属性,可以自动调整图形的大小,以适应图像框的尺寸,这个属性是_____。

A) Autosize   B) Stretch   C) AutoRedraw   D) Appearance

24. 表示滚动条控件取值范围最大值的属性是_____。

A) Max　　　　　　B) LargeChange　C) Value　　　　D) Max～Min

25. 在窗体上画一个名称为 Listl 的列表框,一个名称为 Labell 的标签。列表框中显示若干城市的名称。当单击列表框中的某个城市名时,在标签中显示选中城市的名称。下列能正确实现上述功能的程序是_____。

A)

```
Private Sub listl_Click()
    Labell.Caption＝list1.listlndex
End Sub
```

B)

```
Private Sub Listl_Click()
    Labell.Name＝List1.ListIndex
End Sub
```

C)

```
Private Sub List1_Click()
    Labell.Name＝ List1.Text
End Sub
```

D)

```
Private Sub List1_Click()
    Labell.Caption＝ List1.Text
End Sub
```

26. 设窗体上有一个列表框控件 List1,且其中含有若干列表项。则以下能表示当前被选中的列表项内容的是_____。

A) List1. List　　　　　　　　　B) List1. ListIndex

C) List1. Index　　　　　　　　　D) List1. Text

27. 设组合框 Combo1 中有 3 个项目,则以下能删除最后一项的语句是_____。

A) Combo1. RemoveItem Text

B) Combo1. RemoveItem 2

C) Combo1. RemoveItem 3

D) Combo1. RemoveItemCombo1. Listcount

28. 以下关于焦点的叙述中,错误的是_____。

A) 如果文本框的 TabStop 属性为 False,则不能接收从键盘上输入的数据

B) 当文本框失去焦点时,触发 LostFocus 事件

C) 当文本框的 Enabled 属性为 False 时,其 Tab 顺序不起作用

D) 可以用 TabIndex 属性改变 Tab 顺序

29. 在窗体上画:两个滚动条,名称分别为 Hscroll1、Hscroll2;六个标签,名称分别为 Label1、Label2、Label3、Label4、Label5、Label6,其中标签 Label4～Label6 分别显示"A"、"B"、"A * B"等文字信息,标签 Label1、Label2 分别显示其右侧的滚动条的数值,Label3 显示 A * B 的计算结果。当移动滚动框时,在相应的标签中显示滚动条的值。当单击命令按钮"计算"时,对标签 Label1、Label2 中显示的两个值求积,并将结果显示在 Label3 中。以下不能实现上述功能的事件过程是_____。

A)

```
Private Sub Command1_Click()
    Label3.Caption=Str(Val(Label1.Caption ) * Val( Label2.Caption))
End Sub
```

B)

```
Private Sub Command1_Click()
    Label3.Caption=HScroll1.Value * HScroll2.Value
End Sub
```

C)

```
Private Sub Command1_Click()
    Label3.Caption=HScroll1 * HScroll2
End Sub
```

D)

```
Private Sub Command1_Click()
    Label3.Caption=HScroll1. Text * HScroll2.Text
End Sub
```

30. 以下关于图片框控件的说法中,错误的是_____。

A) 可以通过 Print 方法在图片框中输出文本

B) 清空图片框控件中图形的方法之一是加载一个空图形

C) 图片框控件可以作为容器使用

D) 用 Stretch 属性可以自动调整图片框中图形的大小

31. 在窗体上画一个名称为 Text1 的文本框和一个名称为 Command1 的命令按钮,然后编写如下事件过程:

```
Private Sub Command1_Click()
    Text1.Text="Visual"
    Me.Text1="Basic"
    Text1="Program"
End Sub
```

程序运行后,如果单击命令按钮,则在文本框中显示的是_____。

A) Visual   B) Basic   C) Program   D) 出错

32. 在窗体上画一个名称为 Text1 的文本框,然后画一个名称为 HScroll1 的滚动条,其 Min 和 Max 属性分别为 0 和 100。程序运行后,如果移动滚动框,则在文本框中显示滚动条的当前值,如图 1-3-1 所示。

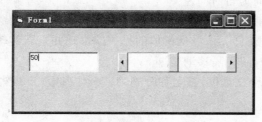

图　1-3-1

以下能实现上述操作的程序段是_____。

A)
```
Private Sub HScroll_Change()
    Text1.Text=HScroll1.Value
End Sub
```

B)
```
Private Sub HScroll_Click()
    Text1.Text=HScroll1.Value
End Sub
```

C)
```
Private Sub HScroll_Change()
    Text1.Text=HScroll.Caption
End Sub
```

D)
```
Private Sub HScroll_Click()
    Text1.Text=HScroll.Caption
End Sub
```

33. 当一个复选框被选中时,它的 Value 属性的值是_____。

A) 3   B) 2   C) 1   D) 0

34. 在窗体上画:一个名称为 Label1、标题为"Visual Basic 考试"的标签,两个名称分别为 Command1 和 Command2、标题分别为"开始"和"停止"的命令按钮,然后画一个名称为 Timer1 的计时器控件,并把其 Interval 属性设置为 500,如图 1-3-2 所示。

编写如下程序:

```
Private Sub Form_Load()
    Timer1.Enabled=False
End Sub
Private Sub Command1_Click()
    Timer1.Enabled=True
End Sub
Private Sub Timer1_Timer()
    If Label1.Left<Width Then
      Label1.Left=Label1.Left+20
    Else
      Label1.Left=0
    End If
End Sub
```

图　1-3-2

程序运行后,单击"开始"按钮,标签在窗体中移动。

对于这个程序,以下叙述中错误的是_____。

A) 标签的移动方向为自右向左

B) 单击"停止"按钮后再单击"开始"按钮,标签从停止的位置继续移动

C) 当标签全部移出窗体后,将从窗体的另一端出现并重新移动

D) 标签按指定的时间间隔移动

35. 在窗体上画两个文本框,其名称分别为 Text1 和 Text2,然后编写如下程序:

```
Private Sub Form_Load()
    Show
    Text1.Text=""
    Text2.Text=""
```

```
        Text1.SetFocus
End Sub
Private Sub Text1_Change()
    Text2.Text=Mid(Text1.Text,8)
End Sub
```

程序运行后,如果在文本框 Text1 中输入 BeijingChina,则在文本框 Text2 中显示的内容是_____。

A) BeijingChina   B) China   C) Beijing   D) BeijingC

36. 在窗体上画一个列表框和一个命令按钮,其名称分别为 List1 和 Command1,然后编写如下事件过程:

```
Privage Sub Form_Load()
    List1.AddItem"Item1"
    List1.AddItem"Item2"
    List1.AddItem"Item3"
End Sub
Privage Sub Command1_Click()
    List1.List(List1.ListCount)="AAAA"
End Sub
```

程序运行后,单击命令按钮,其结果为_____。

A) 把字符串"AAAA"添加到列表框中,但位置不能确定

B) 把字符串"AAAA"添加到列表框的最后(即"Item3"的后面)

C) 把列表框中原有的最后一项改为"AAAA"

D) 把字符串"AAAA"插入到列表框的最前面(即"Item1"的前面)

二、填空题

1. 在窗体上画两个标签,其名称分别为 Label1 和 Lable l2,Caption 属性分别为"数值"及空白;然后画一个名称为 Hscoll1 的水平滚动条,其 Min 的值为 0,Max 的值为 100。程序运行后,如果单击滚动条两端的箭头,则在标签 Lable2 中显示滚动条的值。请在划线处填入适当的内容,将程序补充完整。

```
Private Sub HScroll1_____ ()
    Labl2.Caption= HScroll1. _____
End Sub
```

2. 在窗体上画一个名称为 Command1 的命令按钮和一个名称为 Text1 的文本框。程序运行后,Command1 为禁用(灰色)。当向文本框中输入任何字符时,命令按钮 Command1 变为可用。请在划线处填入适当的内容,将程序补充完整。

```
Private Sub Form_Load()
    Command1.Enabled= False
End Sub
```

```
Private Sub Text1_____ ()
    Command1.Enabled= True
End Sub
```

3．在窗体上画一个文本框和一个图片框，然后编写如下两个事件过程：

```
Private Sub Form_Load()
    Text1.Text= "计算机"
End Sub
Private Sub Text1_Change()
    Picture1.Print"等级考试"
End Sub
```

程序运行后，在文本框中显示的内容是_____，而在图片框中显示的内容是
_____。

4．为了改变计时器控件的时间间隔，应该修改该控件的_____属性。

5．在窗体上画一个名称为 Lable1 的标签和一个名称为 List1 的列表框。程序运行后，在列表框中添加若干列表项。当双击列表框中的某个项目时，在标签 Lable1 中显示所选中的项目。请在划线处填入适当的内容将程序补充完整。

```
Private Sub Form_load()
    List1.AddItem"北京 "
    List1.AddItem"上海 "
    List1.AddItem"湖北 "
End Sub
Private Sub _____ ()
    Label1.Caption= _____
End Sub
```

6．visual Basic 中有一种控件组合了文本框和列表框的特性，这种控件是_____。

7．为了在运行时把 d：\pic 文件夹下的图形文件 a.jpg 装入图片框 Picture1，所使用的语句为_____。

8．计时器控件能有规律地以一定时间间隔触发_____事件，并执行该事件过程中的程序代码。

9．在窗体上画一个标签（名称为 Label1）和一个计时器（名称为 Timer1），然后编写如下几个事件过程：

```
Private Sub Form_Load()
Timer1.Enabled=False
Timer1.Interval= _____
End Sub
Private Sub Form_Click()
Timer1.Enabled= _____
End Sub
Private Sub Timer1_Timer()
```

```
Label1.Caption=_____
End Sub
```

程序运行后,单击窗体,将在标签中显示当前时间,每隔 1 秒钟变换一次。请填空。

10. 在窗体上画一个文本框、一个标签和一个命令按钮,其名称分别为 Text1、Label1 和 Command1,然后编写如下两个事件过程:

```
Private Sub Command1_Click()
S$ = InputBox("请输入一个字符串")
Text1.Text = S$
End Sub
Private Sub Text1_Change()
Label1.Caption = UCase(Mid(Text1.Text, 7))
End Sub
```

程序运行后,单击命令按钮,将显示一个输入对话框,如果在该对话框中输入字符串 "VisualBasic",则在标签中显示的内容是_____。

11. 在窗体上画一个列表框、一个命令按钮和一个标签,其名称分别为 List1、Command1 和 Label1,通过属性窗口把列表框中的项目设置为:"第一个项目"、"第二个项目"、"第三个项目"、"第四个项目"。程序运行后,在列表框中选择一个项目,然后单击命令按钮,即可将所选择的项目删除,并在标签中显示列表框当前的项目数。下面是实现上述功能的程序,请填空。

```
Private Sub Command1_Click()
    If List1.ListIndex>=_____ Then
        List1.RemoveItem _____
        Label1.Caption=_____
    Else
        MsgBox "请选择要删除的项目"
    End If
End Sub
```

12. 为了使计时器控件 Timer1 每隔 0.5 秒触发一次 Timer 事件,应将 Timer1 控件的_____属性设置为_____。

13. 将 C 盘根目录下的图形文件 moon.jpg 装入图片框 Picture1 的语句是_____。

3.3　自测练习题参考答案

一、选择题

1	2	3	4	5	6	7	8	9	10
D	A	A	B	D	C	D	C	C	B

11	12	13	14	15	16	17	18	19	20
C	C	A	B	C	D	B	D	A	D
21	22	23	24	25	26	27	28	29	30
D	D	B	A	D	D	B	A	D	D
31	32	33	34	35	36				
C	A	C	A	B	B				

二、填空题

1. change　　value
2. change
3. 计算机　　等级考试
4. Interval
5. List1_DbClick( )　　List1.Text
6. 组合框
7. picture1.picture＝loadpicture("d:\pic\a.jpg")
8. Interval
9. false　　true　　time
10. BASIC
11. 0　　list1.listindex　　list1.listcount
12. Interval　　500
13. picture1.picture＝loadpicture("c:\moon.jpg")

第 **4** 章 Visual Basic 控制结构

4.1 例 题 解 析

一、选择题

1. 下列程序段的执行结果为_____。

```
a=90
If a>=60 Then x=1
If a>=70 Then x=2
If a>=80 Then x=3
If a>=90 Then x=4
Print "x= "; x
```

A) x＝1   B) x＝2   C) x＝3   D) x＝4

【解析】 本题考查的知识点是单行 If … Then 结构的条件语句,由 4 个并列的单行 If 语句组成。如果 a 大于等于 60,则 x＝1,如果 a 大于等于 70,则 x＝2,如果 a 大于等于 80,则 x＝3,如果 a 大于等于 90,则 x＝4。因此正确答案是 D。

2. 下列程序段的执行结果为_____。

```
a=Int(Rnd()+5)
Select Case a
    Case 0
      Print "a 为 0"
    Case 1, 3, 5
      Print "a 为奇数"
    Case 2, 4, 6
      Print "a 为偶数"
    Case Else
      Print "fail"
End Select
```

A) a 为 0   B) a 为奇数   C) a 为偶数   D) fail

【解析】 本题考查的知识点是 Select Case 结构。根据测试变量 a 的值,从而执行某个 Case 子句。由于 Rnd() 函数产生的随机数在 [0,1] 之间,所以表达式 Int(Rnd()+5) 产生的值始终为 5。因此正确答案是 B。

3. 在窗体上画一个名称为 Command1 的命令按钮,然后编写如下事件过程:

```
Private Sub Command1_Click()
  x=- 10
  If Sgn(x) Then
    y=Sgn(x^2)
  Else
    y=Sgn(x^3)
  End If
  Print "y="; y
End Sub
```

程序运行后,单击命令按钮,窗体上显示的是_____。

A) y=-1000   B) y=-10   C) y=1   D) y=100

【解析】 本题考查的知识点是 Select Case 结构。根据测试变量 a 的值,从而执行某个 Case 子句。由于 Rnd() 函数产生的随机数在 [0,1] 之间,所以表达式 Int(Rnd()+5) 产生的值始终为 5。因此正确答案是 B。

4. 以下 Case 子句中表达错误的是_____。

A) Case 0 To 10   B) Case 0,2,4,6,8,10

C) Case Is>0, Is<10   D) Case Is>0 And Is<10

【解析】 本题考查的知识点是 Select Case 结构的 Case 子句中的表达式列表形式。Case 子句中的表达式列表可以是下面 4 种形式之一:表达式、一组用逗号分隔的枚举值、用关键字 To 指定一个范围、Is 关系运算符表达式。当用 Is 运算符定义条件时,只能是简单的条件,不能用逻辑运算符将两个或多个条件式组合在一起。因而 Case Is > 0 And Is < 10 是不合法的。因此正确答案是 D。

5. 有如下程序段:

```
Private Sub Command1_Click()
  Dim s As Double, x As Double
  s=0
  n=0
  For i=1 To 5
    x=n/i
    n=n+1
    s=s+x
  Next
End Sub
```

该程序通过 For 循环计算一个表达式的值,这个表达式是_____。

A) 0＋1/2＋2/3＋3/4＋4/5   B) 1＋1/2＋2/3＋3/4

C) 1/2＋2/3＋3/4＋4/5＋5/6   D) 1＋1/2＋1/3＋1/4＋1/5

【解析】 本题考查的知识点是 For…Next 循环结构。循环控制变量 i 从 1 到 5,步长为 1,共执行 5 次循环。每执行 1 次循环,循环体内确定 n 和 i 的值,经计算可得每次循环 n 总是比 i 小 1,第 1 次循环,n＝0,i＝1,第 5 次循环,n＝4,i＝5。因此正确答案是 A。

6. 下列程序段的执行结果为_____。

```
Private Sub Command1_Click()
  For i=1 To 5
    x=0
    For j=1 To 2
      x=j
      For k=1 To 2
        x=x+2
      Next k
    Next j
  Next i
  Print x
End Sub
```

A) 0   B) 5   C) 6   D) 7

【解析】 本题考查的知识点是多重循环结构,由 3 个 For 循环组成的嵌套。由于在外层循环体中,总是给 x 赋值 0,在中层循环中,x 的初值由 j 决定,因此只要计算 x 初值为 2,内层循环执行 2 次 x＝x＋2 的结果。因此正确答案是 C。

7. 下列程序段的执行结果为_____。

```
Private Sub Command1_Click()
  m=1
  n=0
  Do Until n>2
    m=m+n
    n=n+1
  Loop
  Print m; n
End Sub
```

A) 1 0   B) 2 1   C) 3 2   D) 4 3

【解析】 本题考查的知识点是 Do Until…Loop 循环语句。此循环先判断条件,当条件为 False 时,执行循环体语句,直到条件为 True 时结束循环。本题循环执行的条件是 n＞2,每执行 1 次循环,n 的值加 1,因此循环执行 3 次。因此正确答案是 D。

8. 下列程序段的执行结果为_____。

```
Private Sub Command1_Click()
  i=1
```

```
        j=3
        Do While i<=3
            Do While j>=1
                n=n+1
                j=j-1
            Loop
            i=i+1
        Loop
        Print n
    End Sub
```

A) 1   B) 3   C) 6   D) 9

【解析】 本题考查的知识点是多重 Do While…Loop 循环结构。此循环先判断条件，当条件为 True 时，执行循环体语句。本题当 i<=3 为 True 时，进入外层循环体，当 j>=1 为 True 时，进入内层循环体，j 的初值为 3，执行 3 次内循环体后，结束内层循环。i 的值加 1，由于 i<=3 为仍为 True，再次进入外层循环体，判断 j>=1 是否为 True，此时 j 的值为 0，因此不再执行内层循环。注意本例的循环次数不是由内外循环控制变量的乘积所得，而是根据条件是否成立，从而决定是否执行循环体。因此正确答案是 B。

9. 对于下列程序段，描述正确的是＿＿＿＿＿＿＿。

```
Private Sub Command1_Click()
    Dim i As Integer, num As Integer
    Do
        For i=1 To 100
            num=Int(Rnd * 100)
            Select Case num
                Case 7
                    Exit For
                Case 21
                    Exit Do
                Case 49
                    Exit Sub
            End Select
        Next i
    Loop
End Sub
```

A) Do 循环次数为 100 次   B) 当随机数等于 7 时程序结束

C) 当随机数等于 21 时程序结束   D) 当随机数等于 49 时，退出 Sub 过程

【解析】 本题考查的知识点是借助 Visual Basic 提供的出口语句(Exit)与循环结构配合使用，可以根据需要提前退出循环。Do…Loop 是无条件循环，只有 Exit Do 才能退出循环。程序运行后，单击命令按钮，将产生 0~99 之间的一个随机数。当产生的随机数为 7 时，退出 For 循环；当产生的随机数为 21 时，退出 Do 循环；当产生的随机数为 49 时，

退出 Sub 过程。因此正确答案是 D。

10. 下列程序段的执行结果为_____。

```vb
Private Sub Command1_Click()
    Dim flag As Boolean, Counter As Integer
    Counter=0
    Do
        Do While Counter<10
            Counter=Counter+1
            If Counter=5 Then
                flag=True
                Exit Do
            End If
        Loop
    Loop Until flag=True
    Print Counter; flag
End Sub
```

A) 10   0　　　　　　B) 10   −1　　　C) 5   True　　　D) 5   False

【解析】　本题考查的知识点是 Do…Loop Until、Do While…Loop 的嵌套循环结构。当内层循环结构循环 5 次,变量 Counter 累加值为 5 时,将 Boolean 型变量 flag 置为 True,退出内层循环,进入外层循环,判断条件,确定循环是否执行。因此正确答案是 C。

二、填空题

1. 执行下面程序段后,s 的值为_____,i 的值为_____。

```vb
Private Sub Command1_Click()
    s=2
    For i=2.6 To 5.9 Step 0.4
        s=s+1
        i=i+1
    Next i
End Sub
```

【解析】　本题考查的知识点是 For… Next 循环结构。循环控制变量 i 的初值为 2.6,终值为 5.9,每执行 1 次循环,s 的值加 1;i 的值加 1,并且 i 再按步长增加 0.4,所以循环 3 次后,s 的值为 5,i 的值为 6.8。

2. 下面程序段的运行结果为_____。

```vb
Private Sub Command1_Click()
    s=0
    j=0
    For i=1 To 10
        Do While j<=10
            s=s+j
```

```
        j=j+1
        If s>10 Then Exit Do
    Loop
  Next i
  Print s
End Sub
```

【解析】 本题考查的知识点是多重循环结构,多重循环结构由 For…Next 循环和 Do While…Loop 循环组成,出口语句为条件语句,当满足条件时退出 Do 循环。经计算,正确答案是:55。

3. 下面程序段的运行结果为_____。

```
Private Sub Command1_Click()
  For i=1 To 3
    For j=i To 3
      For k=0 To j
        s=s+1
      Next k
    Next j
  Next i
  Print s
End Sub
```

【解析】 本题考查的知识点是由 For…Next 组成的三重循环结构。在多重循环中,外层循环变化一次,中层循环变量的初值和内层循环变量的终值是随着上一层循环的循环变量的变化而变化的,因此需要逐层加以累加计算。模拟计算过程,循环次数计算如下:

(1) 当 i=1 时,j= 1 To 3
      j=1 时,k= 0 To 1,内层循环 2 次
      j=2 时,k= 0 To 2,内层循环 3 次
      j=3 时,k= 0 To 3,内层循环 4 次
      内层循环共执行 9 次

(2) 当 i=2 时,j= 2 To 3
      j=2 时,k= 0 To 2,内层循环 3 次
      j=3 时,k= 0 To 3,内层循环 4 次
      内层循环共执行 7 次

(3) 当 i=3 时,j= 3 To 3
      j=3 时,k= 0 To 3,内层循环 4 次

因此正确答案是:20。

4. 请填空,完成如图 1-4-1 所示的九九乘法表的输出。

```
Private Sub Form_Click()
  Dim temp As String
```

```
Print Tab(35); "*九九乘法表*"
Print Tab(35); "------------"
For i=1 To 9
  For j=1 To i
    temp=i & "×" & j & "=" & _____
    Print Tab((j-1)*9+1); temp;
  Next j
  Print
Next i
End Sub
```

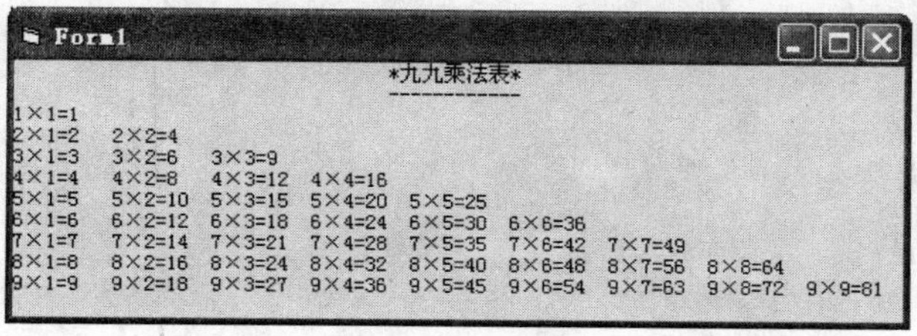

```
■ Form1                                          _ □ X
                    *九九乘法表*
                    ------------
1×1=1
2×1=2    2×2=4
3×1=3    3×2=6    3×3=9
4×1=4    4×2=8    4×3=12   4×4=16
5×1=5    5×2=10   5×3=15   5×4=20   5×5=25
6×1=6    6×2=12   6×3=18   6×4=24   6×5=30   6×6=36
7×1=7    7×2=14   7×3=21   7×4=28   7×5=35   7×6=42   7×7=49
8×1=8    8×2=16   8×3=24   8×4=32   8×5=40   8×6=48   8×7=56   8×8=64
9×1=9    9×2=18   9×3=27   9×4=36   9×5=45   9×6=54   9×7=63   9×8=72   9×9=81
```

图　1-4-1

【解析】　九九乘法表是一个 9 行 9 列的二维表,行和列都要变化,而且在变化中要互相约束,因此只要利用循环控制变量作为乘数和被乘数即可。

本题输出的乘法表呈下三角形,因此内层循环控制变量的循环次数受外层循环控制变量变化的影响。因此正确答案是:i*j。

5. 窗体上有一个组合框和一个命令按钮,如图 1-4-2 所示。程序的功能是在运行时,如果在组合框中输入一个项目并单击命令按钮,则搜索组合框中的项目。如果没有此项,则添加该项到列表中;如果有此项,则弹出一个提示框:"已有此项",然后清除输入的内容。请完善程序。

图　1-4-2

```
Private Sub Command1_Click()
  Dim flag As Boolean
  For i=0 To Cb1.ListCount - 1
    If Cb1.List(i)=Cb1.Text Then
      flag=True
      Exit For
    Else
      flag=False
    End If
  Next i
  If _____ Then
    MsgBox "已有此项"
    Cb1.Text=""
  Else
    Cb1.AddItem Cb1.Text
```

```
    End If
End Sub
```

【解析】 本题考查的知识点是通过组合框输入列表项时,判断是否有重复项。布尔型变量 flag 是一个标志变量。如果 flag＝True,则表示所输入的项目和组合框中已有的某个列表项目相同。因此根据 flag 的取值作为条件判断是否向组合框中添加项目。因此正确答案是:flag。

4.2　自测练习题

一、选择题

1. 设 x＝10,执行

```
x=IIf(x, 1, -1)
```

后,x 的值为_____。

A) －1　　　　　　B) 0　　　　　　C) 1　　　　　　D) 10

2. 下列程序段的执行结果是_____。

```
X=5
Y=-20
If Not X>0 Then X=Y-3 Else Y=X+3
Print X-Y;Y-X
```

A) －3　3　　　　B) 5　　－8　　　C) 3　　－3　　　D) 25　　－25

3. 设有如下程序

```
Private Sub Command1_Click()
  S=Asc("ABC")+1
  Select Case S
    Case Is< 60
      S="D"
    Case 60 To 69
      S="C"
    Case 70 To 79
      S="B"
    Case Else
      S="A"
  End Select
  MsgBox S
End Sub
```

程序运行后,单击命令按钮,则在消息框中输出_____。

A) A　　　　　　B) B　　　　　　C) C　　　　　　D) D

4. 设有如下程序：

```
Private Sub Command1_Click()
   x=1
   y=2
   Select Case x
      Case 0
         Print "0"
      Case 1
         Select Case y
           Case 1
              Print "1-1"
           Case 2
              Print "1-2"
           Case 3
              Print "1-3"
         End Select
      Case 2
         Print "2"
   End Select
End Sub
```

程序运行后,单击命令按钮,则在窗体上输出_____。

A) 1-1   B) 1-2   C) 1-3   D) 2

5. 设有如下程序：

```
Private Sub Command1_Click()
  For i=1 To 5
     For j=1 To i
       Print "*";
     Next j
     Print
  Next i
End Sub
```

程序运行后,单击命令按钮,则在窗体上输出_____。

A) *   B) ******   C)   *   D) ******
    **   ****   **   ****
    ***   ***   ***   ***
    ****   **   ****   **
    *****   *   *****   *

6. 设有如下程序：

```
Private Sub Command1_Click()
  ch= InputBox("请输入一个字符")
```

```
    While ch <>"?"
        i=i+1
        ch= InputBox("请输入一个字符")
    Wend
    Print "输入的字符个数为: "; i
End Sub
```

以下叙述中,正确描述该段程序的功能是_____。

A) 对输入的字符计数,当输入的字符为"?"时,停止计数,并输出结果

B) 对输入的字符计数,当输入的字符不等于"?"时,停止计数,并输出结果

C) 对输入的字符计数,当输入的字符为"?"时,开始计数,并输出结果

D) 对输入的字符计数,当输入的字符不等于"?"时,开始计数,并输出结果

7. 为了计算 $1+3+5+\cdots+99$ 的值,某人编写如下程序:

```
k=1
s=0
While k<=99
    k=k+2: s=s+k
Wend
Print s
```

在调试时发现运行结果有错误,需要修改。下列错误原因和修改方案中正确的是_____。

A) While…Wend 循环语句错误,应改为 For k=1 To 99…Next k

B) 循环条件错误,应改为 While k<99

C) 循环前的复制语句 k=1 错误,应改为 k=0

D) 循环中两条赋值语句的顺序错误,应改为 s=s+k : k=k+2

8. 以下循环的执行次数是_____。

```
Private Sub Command1_Click()
    i=0
    Do While i<=10
        i=i+2
    Loop
End Sub
```

A) 0   B) 5   C) 6   D) 10

9. 设有如下程序:

```
Private Sub Command1_Click()
    s=0
    For i=1 To 4
        If i<=1 Then
            m=1
        ElseIf i<=2 Then
```

```
        m=2
    ElseIf i<=3 Then
        m=3
    Else
        m=4
    End If
    s=s+m
 Next i
 Print s
End Sub
```

程序运行后,单击命令按钮,则在窗体上输出_____。

A) 6　　　　　　　B) 10　　　　　C) 15　　　　　D) 20

10. 设有如下程序:

```
Private Sub Command1_Click()
   a=0
   For i=1 To 20 Step 2
     a=a+i\5
   Next i
   Print a
End Sub
```

程序运行后,单击命令按钮,则在窗体上输出_____。

A) 10　　　　　　B) 12　　　　　C) 14　　　　　D) 16

11. 有如下程序段:

```
For i=1 To 3
  For j=4 To 0 Step -1
     Print i * j
Next j, i
```

语句 Print i * j 的执行次数是_____。

A) 12　　　　　　B) 15　　　　　C) 16　　　　　D) 17

12. 设窗体上有一个文本框 Text1 和一个命令按钮 Command1,并有以下事件过程:

```
Private Sub Command1_Click()
  Dim s As String, ch As String
  s=""
  For i=1 To Len(Text1)
    ch=Mid(Text1, i, 1)
    s=ch+s
  Next i
  Text1.Text=s
End Sub
```

程序运行时,在文本框中输入 Visual Basic,然后单击按钮,则在文本框中显示的是_____。

A) Basic   B) BASIC   C) Visual Basic   D) cisaB lausiV

13. 设有如下程序：

```
Private Sub Command1_Click()
  n=0
  For i=1 To 3
    For j=i To 1 Step -1
      n=n+1
    Next j
  Next i
  Print n; i; j
End Sub
```

程序运行后，单击命令按钮，则在窗体上输出_____。

A) 6　4　0   B) 6　3　1   C) 5　4　0   D) 5　3　1

14. 设有如下程序：

```
Private Sub Command1_Click()
  x=1
  Do
    x=x+3
    Print x;
  Loop Until x>=10
End Sub
```

程序运行后，单击命令按钮，则在窗体上输出_____。

A) 1　4　7   B) 4　7　10   C) 1　4　7　10   D) 4　7　10 13

15. 在窗体上画一个名称为 Command1 的命令按钮和一个名称为 Text1 的文本框，然后编写如下事件过程：

```
Private Sub Command1_Click()
  n=Val(Text1.Text)
  For i=2 To n
    For j=2  To  sqr(i)
      If  i  Mod  j=0 Then Exit For
    Next j
    If  j>Sqr(i)  Then  Print  i
  Next i
End Sub
```

该事件过程的功能是_____。

A) 输出 n 以内的奇数   B) 输出 n 以内的偶数

C) 输出 n 以内的素数   D) 输出 n 以内能被 j 整除的数

16. 下面程序在调试时出现了死循环。

```
Private Sub Command1_Click()
    n=Val(InputBox("请输入一个整数"))
    Do
      If n Mod 2=0 Then
          n=n+1
      Else
          n=n+2
      End If
    Loop Until n=500
End Sub
```

下面关于死循环的叙述中正确的是_____。

A) 只有输入的 n 是偶数时才会出现死循环,否则不会

B) 只有输入的 n 是奇数时才会出现死循环,否则不会

C) 只有输入的 n 是大于 500 的整数时才会出现死循环,否则不会

D) 输入任何整数都会出现死循环

17. 在窗体上画一个名称为 Command1 的命令按钮,然后编写如下事件过程:

```
Private Sub Command1_Click()
    Static x As Integer
    Cls
    For i=1 To 2
      y=y+x
      x=x+2
    Next
    Print x,y
End Sub
```

程序运行后,连续三次单击命令按钮后,窗体上显示的是_____。

A) 4 2   B) 4 6   C) 12 18   D) 12 30

18. 有如下程序:

```
Private Sub Form_Click()
    Dim i As Integer, sum As Integer
    sum=0
    For i=2 To 10
        If i Mod 2<>0 And i Mod 3=0 Then
            sum=sum+i
        End If
    Next i
    Print sum
End Sub
```

程序运行后,单击窗体,输出结果为_____。

A) 12   B) 30   C) 24   D) 18

19. 有如下程序：

```
Private Sub Command1_Click()
    Dim i As Integer, n As Integer
    For i=0 To 50 Step 2
        i=i+3
        n=n+1
        If i>=10 Then Exit For
    Next i
    Print n
End Sub
```

程序运行后，单击命令按钮，输出结果为_____。

A) 2   B) 3   C) 4   D) 5

20. 有如下程序：

```
Private Sub Command1_Click()
    For i=1 To 3
        a=3
        For j=1 To 4
            a=4
            For k=1 To 5
                a=a+1
    Next k, j, i
    Print a
End Sub
```

程序运行后，单击命令按钮，输出结果为_____。

A) 5   B) 7   C) 8   D) 9

二、填空题

1. 执行以下语句后显示结果为_____。

```
Dim a As Integer
If a Then Print a Else Print a-1
```

2. 下面的程序用于根据文本框中输入的内容进行以下处理：

若在文本框中输入 0,2,4,6,8,则打印"文本框中的值为 10 以内的偶数"；若在文本框中输入 1,3,5,7,9,则打印"文本框中的值为 10 以内的奇数"；若在文本框中输入 10~20 之间的任一数值，则打印"文本框中的值为 10~20 之间的数值"；否则，打印"输入的数值不在范围内"。

```
Private Sub Command1_Click()
  Select Case Val(Text1.Text)
    Case 0, 2, 4, 6, 8
      Print "文本框中的值为 10 以内的偶数"
```

```
        Case _____
            Print "文本框中的值为 10 以内的奇数"
        Case _____
            Print "文本框中的值为 10~20 之间的数值"
        Case Else
            Print "输入的数值不在范围内"
    End Select
End Sub
```

3. 执行下面程序段后, x 的值为_____。

```
Private Sub Command1_Click()
    x=5
    For i=1 To 10 Step 2
        x=x+i\5
    Next i
End Sub
```

4. 有如下程序:

```
x=1
Do
    x=x+2
    Print x;
Loop Until _____
```

程序运行后, 要求执行 4 次循环体, 请填空。

5. 有如下程序:

```
Private Sub Command1_Click()
    a=0
    For i=1 To 2
        For j=0 To 3
            If j Mod 2 <>0 Then
                a=a+1
            End If
        Next j
        a=a+1
    Next i
    Print a
End Sub
```

程序运行后, 单击命令按钮, 输出结果为_____。

6. 下面程序运行后, 输出的结果如图 1-4-3 所示。请完善
程序。

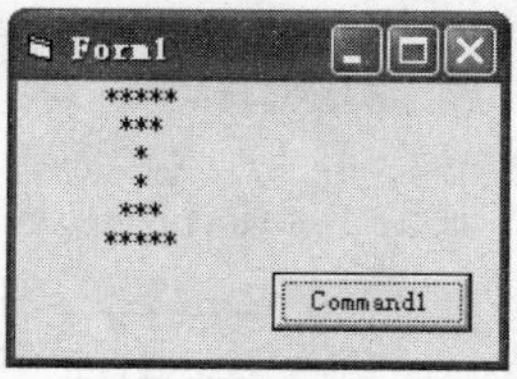

```
Private Sub Command1_Click()
    s="*********"
```

图   1-4-3

```
    For i=3 To 1 Step -1
        Print Tab(10 - i); Left(s, i * 2-1)
    Next i
    For i=_____
        Print Tab(7+i); Left(s, 5-i * 2)
    Next i
End Sub
```

7. 下面程序的功能是从键盘输入一个大于 100 的整数 m,计算并输出满足不等式

$$1+2^2+3^2+4^2+\cdots+n^2 < m$$

的最大的 n。请填空。

```
Private Sub Command1_Click()
    Dim s, m, n As Integer
    n=_____
    s=0
    m=Val(InputBox("请输入一个大于 100 的整数"))
    Do While s<m
        n=n+1
        s=s+n * n
    Loop
    Print "满足不等式的最大 n 是: ";   _____
End Sub
```

8. 找出 1~1000 之间的同构数。同构数是指此数的平方数的最后几位与该数相等,例如,25 的平方为 625,25 是同构数。请将下列程序补充完整。

```
Private Sub Command1_Click()
    Dim i As Integer,y As Long
    For x=1 TO 1000
        _____
        If(x= (y Mod 10)) Or (x= (y Mod 100)) Or (x= (y Mod 1000)) Then
            Print x
        End If
    Next x
End Sub
```

9. 下面是一个体育评分程序。10 名评委,除去一个最高分和一个最低分,计算平均分(假设满分为 10 分)。请填空。

```
Private Sub Command1_Click()
    Max=0
    Min=10
    For i=1 To 10
        n=Val(InputBox("请输入分数"))
        If _____  Then Max=n
        If _____  Then Min=n
        s=s+n
```

```
    Next i
    s= _____
    t=s / 8
    Print "最高分"; Max, "最低分"; Min
    Print "最后得分:"; t
End Sub
```

10. 以下程序找出 50 以内所有能构成直角三角形的整数组。请将下列程序补充完整。

```
Private Sub Command1_Click()
  For a=1 To 50
    For b=a To 50
      c=Sqr(a^2+b^2)
      If _____ Then Print a; b; c
    Next b
  Next a
End Sub
```

4.3　自测练习题参考答案

一、选择题

1	2	3	4	5	6	7	8	9	10
C	A	C	B	A	A	D	C	B	D
11	12	13	14	15	16	17	18	19	20
B	D	A	B	C	D	C	A	B	D

二、填空题

1. －1

2. 1,3,5,7,9　　10 To 20

3. 8

4. x＞7

5. 6

6. 2 To 0 Step －1

7. 0　　n－1

8. y＝x＊x 或 y＝x^2

9. n＞Max　　n＜Min　　s－Max－Min

10. c＜=50 And c＝Int(c)

第  章 数 组

5.1 例 题 解 析

一、选择题

1. 下列程序段的执行结果为_____。

```
Dim a(5)
  For i=0 To 5
    a(i)=2 * i
  Next i
  Print a(a(2))
```

A) 2   B) 4   C) 6   D) 8

【解析】 本题考查的知识点是一维数组的输入输出操作。语句"Dim a(5)"定义了一个具有 6 个元素的一维数组。通过循环语句为数组 a 中的 6 个元素赋值。a(2)＝2 * 2＝4,a(a(2))＝a(4)＝2 * 4＝8。因此正确答案是 D。

2. 下列程序段的执行结果为_____。

```
Private Sub Command1_Click()
    Dim a(3, 3) As Integer
    For m=1 To 3
      For n=1 To 3
        a(m, n)=(m-1) * 2+n
      Next n
    Next m
    For m=2 To 3
      For n=1 To 2
        Print a(n, m);
      Next n
      Print
    Next m
End Sub
```

A）2　4　　　　　B）2　3　　　　C）3　4　　　　D）3　5
　　3　5　　　　　　　　4　5　　　　　5　6　　　　　4　6

【解析】　本题考查的知识点是二维数组的输入输出操作。在第一个二重 For 循环中，根据内层和外层循环控制变量对二维数组中每个元素赋值。赋值后的结果为 $a(1,1)=1$，$a(1,2)=2$，$a(1,3)=3$，$a(2,1)=3$，$a(2,2)=4$，$a(2,3)=5$，$a(3,1)=5$，$a(3,2)=6$，$a(3,3)=7$。在第二个二重循环中，用 Print 方法输出数组 a 中的 $a(1,2)$，$a(2,2)$，换行后再输出 $a(1,3)$，$a(2,3)$ 这 4 个元素的值，因此正确答案是 A。

3. 有如下程序段：

```
Dim a() As Integer
n=Val(InputBox("请输入数组的上界"))
ReDim a(1 To n) As Integer
n=Val(InputBox("请输入数组的上界"))
ReDim a(1 To n) As Integer
```

下面关于此段程序的叙述中正确的是＿＿＿＿＿。

A）用语句 Dim a(1 To n) As Integer 代替语句 ReDim a(1 To n) As Integer，可以实现同样功能

B）用 Dim 语句声明的数组上、下界可以是常量，也可以是变量或表达式

C）用 ReDim 语句声明的数组是动态数组，所声明的数组上、下界可以是常量，也可以是有了确定值的变量

D）在事件过程或通用过程中，不可以多次使用 ReDim 来改变数组元素的个数

【解析】　本题考查的知识点是动态数组的定义。数组分为静态数组和动态数组。通常把需要在编译时开辟内存区的数组叫做静态数组，而把需要在程序运行时开辟内存区的数组叫做动态数组。动态数组以变量作为下标值，在程序运行过程中完成定义，通常分两步：首先在窗体层、标准模块或过程中用 Dim 或 Public 声明以后各一个没有下标的数组（括号不能省略），然后在过程中用 ReDim 语句定义带下标的数组。如本题的程序段就是定义一个动态数组 a 的过程。

静态数组和动态数组由其定义方式决定：用数值常量或符号常量作为下标定维的数组为静态数组；用变量作为下标定维的数组为动态数组。

Dim、Public 声明语句是说明性语句，可以出现在过程体内或通用声明段中；ReDim 语句是执行语句，只能出现在过程体内。在一个程序中，可以多次使用 ReDim 语句定义同一个数组，随时修改数组中元素的个数。因此正确答案是 C。

4. 有如下程序：

```
Private Sub Command1_Click()
    Static a As Variant
    a=Array(0, 2, 4, 6, 8)
    For i=0 To 5 / 2
        t=a(i)
        a(i)=a(5-i-1)
```

```
        a(5-i-1)=t
    Next i
End Sub
```

下列叙述中,正确描述的是_____。

A) a 是一个变体型变量,不能作为数组时用

B) a 是一个数组变量,数组 a 中有 a(1), a(2), a(3), a(4), a(5)5 个元素

C) 本段程序是将数组 a 中的 5 个数按升序存放(即排列为 0,2,4,6,8)

D) 本段程序是将数组 a 中的 5 个数按逆序存放(即排列为 8,6,4,2,0)

【解析】 本题考查的知识点是使用 Array 函数为一维数组元素赋值。利用 Array 函数为数组元素赋值,其格式为:数组变量名＝Array(数组元素值)。其中"数组变量名"是预先定义的数组名,在"数组变量名"之后没有括号,作为数组时用,但以变量形式定义,它既没有维数,也没有上下界。"数组元素值"是需要赋给数组元素的值,各值之间以逗号分开。此外,数组变量不能是具体的数据类型,只能是变体(Variant)类型。在用 Array 函数对数组进行初始化时,下标的下界默认为 0,如果用 Option Base 语句把下界指定为 1,则下标从 1 开始。在 For 循环结构中,借助变量 t 将数组 a 中元素首尾交换。因此正确答案是 D。

5. 有如下程序:

```
Private Sub Command1_Click()
    Dim a
    a=Array(1, 2, 3, 4, 5)
    For i=LBound(a) To UBound(a)
        a(i)=a(i) * i
        Print a(i);
    Next i
End Sub
```

程序运行后,单击命令按钮,在窗体上显示_____。

A) 0 1 2 3 4   B) 1 2 3 4 5   C) 0 2 6 12 20   D) 出错

【解析】 本题考查的知识点是使用 Array 函数为一维数组元素赋值及利用 LBound、UBound 函数返回数组中指定维的下界和上界。LBound 函数的格式为:LBound(数组[,维])。功能是返回"数组"某一"维"的下界值。UBound 函数的格式为:UBound(数组[,维])。功能是返回"数组"某一"维"的上界值。两个函数一起使用即可确定一个数组的大小。

注意:对于一维数组而言,参数"维"可以省略。

本题语句 For i＝LBound(a) To UBound(a)相当于执行语句 For i＝0 To 4,通过 5 次循环,重新为数组 a 中的每个元素赋值,即 a(0)＝1 * 0＝0,a(1)＝2 * 1＝2,a(2)＝3 * 2＝6,a(3)＝4 * 3＝12,a(4)＝5 * 4＝20。因此正确答案是 C。

6. 有如下程序,其功能是求 10 个整数(从键盘输入整数)的最大值。

```
Option Base 1
```

```
Private Sub Command1_Click()
  Dim a(10) As Integer, max As Integer
  For i=1 To 10
    a(i)=InputBox("请输入一个整数:")
  Next i
  max=0
  For i=1 To 10
    If a(i)>max Then
      max=a(i)
    End If
  Next i
  Print max
End Sub
```

程序运行后,当输入 10 个正整数时,可以得到正确的结果,但输入 10 个负数时结果是错误的,程序需要修改,下面_____选项的修改可以得到正确的运行结果。

A) 将 max=0 改为 max=a(1)

B) 将 max=a(i)改为 a(i)=max

C) 将 If a(i)>max Then 改为 If a(i)<max Then

D) 将第二个循环语句 For i=1 To 10 改为 For i=2 To 10

【解析】　本题考查的知识点是在一组数据中求最大值。在若干个数中求最大值,一般先假设一个较小的数为最大值的初值,若无法估计较小的值,则取第一个数为最大值的初值,然后将每一个数与最大值比较,若该数大于最大值,将该数替换为最大值;依次逐一比较。

本题第一个 For 循环结构的功能是通过键盘输入 10 个整数。第二个 For 循环结构的功能是依次比较每个数与当前最大值 max 的大小,若该数大于最大值,将该数替换为最大值。循环结束后,max 中存放的就是数组的中元素最大值。程序需要修改的地方是语句"max=0",如果最大值的初值为 0,当输入 10 个负数时,比较后的结果最大值依然是 0,所以得到不正确的结果。因此正确答案是 A。

7. 已知数组 sc(4,3)中存放了 4 名学生 3 门课程的考试成绩。现需要计算每名学生的总分,编写如下程序:

```
Option Base 1
Private Sub Command1_Click()
  Dim sc(4, 3) As Integer, sum As Integer
  sum=0
  For i=1 To 4
    For j=1 To 3
      sum=sum+sc(i, j)
    Next j
    Print "第" & i & "个学生的总分为: " & sum
  Next i
```

End Sub

运行程序后发现,除第一个学生的总分计算正确外,其余 3 个学生的总分计算都是错误的,程序需要修改,以下修改方案中正确的是_____。

A) 将外层循环语句 For i＝1 To 4 改为 For i＝1 To 3

将内层循环语句 For j＝1 To 3 改为 For j＝1 To 4

B) 将语句 sum＝0 移到 For i＝1 To 4 和 For j＝1 To 3 之间

C) 将 sum＝sum＋sc(i, j)改为 sum＝sum＋sc(j,i)

D) 将 sum＝sum＋sc(i, j)改为 sum＝sc(i,j)

【解析】 本题考查的知识点是二维数组的使用和变量初始化位置。本题使用一个 4 行 3 列的二维数组 sc,存放 4 名学生 3 门课程的考试成绩。通过二重 For 循环求出每名学生的 3 门课程成绩总和,存放在变量 sum 中。外层循环语句控制二维数组中行的变化,内层循环语句控制二维数组中列的变化,语句 sum＝sum＋sc(i, j)完成每名学生的 3 门成绩的累加。在外层循环控制变量 i 变为 2,即要计算第二个学生的成绩总和时,由于当前的变量 sum 是第一个学生的成绩和,语句 sum＝sum＋sc(i, j)的计算是在第一个学生的总分基础上再加上第二个学生的每门成绩,因此除第一个学生的总分计算正确外,其余 3 个学生的总分计算都是错误的。修改方法是每完成一个学生的 3 门成绩累加后,将 sum 重新从初始化为 0,需要将语句 sum＝0 移到 For i＝1 To 4 和 For j＝1 To 3 之间。因此正确答案是 B。

8. 设有命令按钮 Command1 的单击事件过程,程序代码如下:

```
Private Sub Command1_Click()
    Dim nums(1 To 20) As Integer
    Dim i As Integer
    Dim x As Variant
    Cls
    For i=1 To 20
        nums(i)=Int(Rnd() * 100+1)
    Next i
    For Each x In nums
        If x Mod 2=0 Then
            s=s+x
        End If
    Next x
    Print s
End Sub
```

对于该事件过程,以下叙述中错误的是_____。

A) 数组 nums 中的数据是 20 个 1～100 之间的随机整数

B) 语句 For Each x In nums 有语法错误

C) 语句 For Each x In nums 中的 x 是一个变体变量,它是为循环提供的,实际代表的是数组中的每个元素

D）语句 if… Then…End If 的功能是计算数组元素中偶数的总和

【解析】 本题考查的知识点是 For Each…Next 语句的结构。For Each…Next 语句类似于 For…Next 语句，二者都用来执行指定重复次数的一组操作。但 For Each…Next 语句专门用于数组，其一般格式为：

```
For Each 成员 In 数组
    循环体
    [Exit For]
    …
Next［成员］
```

其中"成员"是一个 Variant 型变量，它为循环使用，并在 For Each…Next 语句中重复使用，它实际上代表的是数组中的每个元素。"数组"是一个数组名，没有括号和上下界。

本题 For 循环语句是利用随机函数产生 20 个 1～100 之间的随机整数。For Each…Next 语句将重复执行 20 次。x 是一个变体变量，类似于 For…Next 语句的循环控制变量，但不需要为其提供初值和终值，而是根据数组 nums 中元素的个数确定执行循环的次数。每执行一次循环，x 的值变化一次，开始执行时，x 代表数组 nums 中第一个元素的值，执行完一次循环后，x 变为数组 nums 中第二个元素的值……直到最后一个元素。在循环体中判断数组元素是否为偶数，并计算偶数的总和。因此正确答案是 B。

9. 窗体上有名称分别为 Text1、Text2 的两个文本框，有一个由 3 个单选按钮构成的控件数组 Option1，如图 1-5-1 所示。程序运行后，如果单击某个单选按钮，则执行 Text1 中的数值与该单选按钮所对应的运算（乘以 1、10 或 100），并将结果显示在 Text2 中，如图 1-5-2 所示。为了实现上述功能，在程序中的问号（?）处应填入的内容是_____。

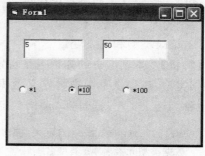

图 1-5-1   图 1-5-2

```
Private Sub Option1_Click(Index As Integer)
    If Text1.Text <> "" Then
        Select Case   ?
        Case 0
            Text2.Text=Val(Text1.Text)
        Case 1
            Text2.Text=Val(Text1.Text) * 10
```

```
        Case 2
            Text2.Text=Val(Text1.Text) * 100
        End Select
    End If
End Sub
```

A) Index   B) Option1. Index
C) Option1(Index)   D) Option1(Index). Value

【解析】　本题考查的知识点是控件数组的概念和使用。控件数组由一组相同类型的控件组成,这些控件共用一个相同的控件名,即 Name 属性必须相同,且具有同样的属性设置。控件数组中的每个控件都有一个唯一与之关联的下标,或称索引(Index),下标值由 Index 属性指定。在建立控件数组时,Visual Basic 给每个控件赋一个下标值,通过属性窗口 Index 属性可以知道下标值是多少。第一个控件的下标值为 0,第二个控件的下标值为 0,依次类推。

控件数组中的控件执行相同的事件过程,不论单击那个控件,都会调用同一事件过程,控件的 Index 属性将传给过程,由它指明单击了哪一个控件。因此正确答案是 A。

10. 有如下程序段:

```
Private Type goods
    num As Integer
    nam As String * 20
    pri As Single
End Type
Dim cloth As goods
```

该段程序定义了两个程序成分,它们分别是_____。

A) 记录类型和数组   B) 记录类型和数组元素
C) 记录类型和记录变量   D) 显示类型和变量

【解析】　本题考查的知识点是自定义数据类型的定义。Visual Basic 不仅具有标准的数据类型,还提供了用户自定义数据类型,它由若干个标准数据类型组成。自定义类型,也称为记录类型,通过 Type 语句定义自己的数据类型,其格式为:

```
[Public|Private] Type 自定义数据类型名
    数据类型元素名 As 类型名
    数据类型元素名 As 类型名
    ...
End Type
```

自定义类型定义好后,就可以在变量的声明时使用该类型,其形式为:

```
Dim 变量名 As 自定义类型名
```

本段程序定义了两个程序成分,分别是名为 goods 的记录类型及这种类型的记录变量 cloth。因此正确答案是 C。

二、填空题

1. 下面程序的输出结果是_____。

```
Option Base 0
Private Sub Command1_Click()
  Dim a
  a=Array(3, 4, 5, 8, 9)
  For i=LBound(a) To UBound(a)
    s=a(i)^3
    If s>100 Then Exit For
  Next i
  Print i; a(i); s
End Sub
```

【解析】 本题考查的知识点是使用 Array 函数建立数组并对数组进行了初始化,然后通过 For 循环语句处理数组元素。由于使用语句 Option Base 0,所以数组 a 下标的下界 0,上界为 4。在循环体中将数组元素的三次方赋给 s,如果 s 大于 100 就停止循环,输出此时的 i,a(i),s 的值。

因此正确答案是:2 5 125。

2. 下面程序的输出结果是_____。

```
Private Sub Command1_Click()
  Dim a(6)
  For i=0 To 4
    a(i)=i+2
    m=i+2
    If m=4 Then
      a(m-1)=a(i-2)
    Else
      a(m)=a(i)
    End If
    If i=4 Then a(i+1)=a(m-2)
    a(2)=2
    Print a(i);
  Next i
End Sub
```

【解析】 本题考查的知识点是使用 For 循环语句给数组赋值,还考查了条件语句的用法,当满足条件时,把数组中某个元素的值赋给另一个元素。在计算过程中,注意数组元素下标的变化。经计算,输出结果为:2 3 2 5 6。

因此正确答案是:2 3 2 5 6。

3. 设有如下程序:

```
Option Base 1
```

```
Private Sub Command1_Click()
    Dim arr1, min As Integer
    arr1=Array(120, 35, 76, 24, 78, 54, 86, 43)
    _____=arr1(1)
    For i=1 To 8
        If arr1(i)<min Then _____
    Next i
    Print "最小值是: "; min
End Sub
```

以上程序的功能是：用 Array 函数建立一个含有 8 个元素的数组，然后查找并输出该数组中元素的最小值。请填空。

【解析】 本题考查的知识点是用 Array 函数建立一个数组，并找出数组中元素的最小值。在若干个数中求最小值，一般先假设一个较小的数为最小值的初值，若无法估计较小的值，则取第一个数为最小值的初值，然后将每一个数与最小值比较，若该数小于最小值，将该数替换为最小值；依次逐一比较。

本题使用 Array 函数建立一个含有 8 个元素的数组，假设第一个元素为最小值的初值，通过 For 循环语句依次比较每个元素与当前最小值 min 的大小，若该元素小于最小值，将该元素替换为最小值，循环结束后，min 中存放的就是数组中元素的最小值。

因此正确答案是：min、min＝arr1(i)。

4. 以下程序的功能是：单击命令按钮，使 5×5 矩阵的两条对角线上的元素全为 1，其余元素全为 0。

```
Option Base 1
Private Sub Command1_Click()
    Dim a(5, 5)
    For i=1 To 5
        For j=1 To 5
            a(i, j)=0
        Next j
        _____=1
        _____=1
    Next i
    For i=1 To 5
        For j=1 To 5
            Print a(i, j);
        Next j
        Print
    Next i
End Sub
```

【解析】 本题考查的知识点是二维数组矩阵的输入输出操作。二维数组矩阵两条对角线上元素的特点是：二维数组中一维下标和二维下标相等或二维数组中一维下标和二维下标之和等于其中一维数组的下标下界和一维数组的下标上界之和。因此,本题先通过二重循环给数组中各元素赋值 0,再处理对角线上的特殊元素。

因此正确答案是:a(i, i)、a(i, 6—i)。

5. 下面程序的功能是在窗体上生成一个具有 8 行的杨辉三角形,如图 1-5-3 所示,请完善程序。

图 1-5-3

```
Option Base 1
Private Sub Command1_Click()
    Dim a(8, 8) As Integer
    For i=1 To 8
      a(i, 1)=1
      a(i, i)=1
    Next i
    For i=3 To 8
      For j=2 To i
        a(i, j)=_____ + _____
      Next j
    Next i
    For i=1 To 8
      For j=1 To i
        Print a(i, j); Spc(1);
      Next j
      Print
    Next i
End Sub
```

【解析】 本题考查的知识点是二维数组的应用。窗体上生成具有 8 行的杨辉三角形的特点是:上三角形各元素均为 0。下三角形各元素有其规律,第一列及对角线上的各元素均为 1,其余每一个元素正好等于该元素上面一行的同一列和前一列的两个元素之和,即 $a(i, j)=a(i-1, j)+a(i-1, j-1)$。因此,本题首先定义一个 $8*8$ 的二维数组,通过一个二重循环对每一行的第一列及对角线上各元素赋值 1。再通过二重循环从第三行第二列开始按规律对各元素赋值,从而生成图 1-5-3 所示的杨辉三角形。

因此正确答案是:a(i-1,j)、a(i-1,j-1)。

5.2　自测练习题

一、选择题

1. 语句 Dim NewArray(10) As Integer 的含义是_____。

A) 定义了由 10 个整数构成的数组

B) 定义了由 11 个整数构成的数组

C) 定义了一个整形变量且初值为 10

D) 将数组的第 10 个元素设置为整型

2. 以下数组定义语句中,错误的是_____。

A) Static a(10) As Integer

B) Dim b(3, 1 To 4)

C) Dim c(-10)

D) Dim d(1 To 3, -1 To 4) As Integer

3. 下列关于数组的说法中正确的是_____。

A) 静态数组定义时,数组各维的上、下界不能使变量,而动态数组定义时,数组各维的上、下界可以是变量

B) 静态数组和动态数组都是在编译阶段分配存储空间

C) 在同一程序中,可以多次使用 Static 或 ReDim 语句对同一个数组重新定义

D) 用 ReDim 语句对同一数组重新定义时,既可以改变数组的大小,也可以改变数组的维数和类型

4. 有如下程序:

```
Private Sub Command1_Click()
  Dim a(10)
  For i=2 To 10
    a(i)=10-i
  Next i
  m=8
  Print a(a(m)+2)
End Sub
```

程序运行后,单击命令按钮,输出结果为_____。

A) 3   B) 4   C) 5   D) 6

5. 有如下程序:

```
Private Sub Command1_Click()
  Dim a(4, 4)
  For i=0 To 4
    For j=0 To 4
      a(i, j)=i*j
    Next j
  Next i
  Print a(2, 3)+a(3, 2)
End Sub
```

程序运行后,单击命令按钮,输出结果为_____。

A) 10   B) 12   C) 14   D) 16

6. 有如下程序:

```
Private Sub Command1_Click()
```

```
    Dim a(4)
    n=3
    a(1)=1
    For i=0 To n-1
      For j=1 To i+1
        x=i+2-j
        a(x)=a(x)+a(x-1)
        If i< n-1 Then Exit For
        Print a(x);
      Next j
    Next i
End Sub
```

程序运行后,单击命令按钮,输出结果为_____。

A) 1 2 1   B) 1 2 3   C) 2 4 6   D) 1 3 1

7. 有如下程序:

```
Private Sub Command1_Click()
  Dim b(4) As Integer
  Dim a
  a=Array(1, 3, 5, 7)
  For i=0 To 2
    b(4-i)=a(i+1)
  Next i
  Print b(i)
End Sub
```

程序运行后,单击命令按钮,输出结果为_____。

A) 0   B) 3   C) 5   D) 7

8. 有如下程序:

```
Private Sub Command1_Click()
  Dim a
  i=0
  a=Array(1, -2, 9, 0, -1, 9)
  Do
    k=a(i)
    For m=10 To k Step -2
      n=k+m
    Next m
    Print n+m;
    i=i+1
  Loop While Abs(n+m) <>27
End Sub
```

程序运行后,单击命令按钮,输出结果为_____。

A) -8 3   27   　　　B) -8 27   3   　C) 3 -8 27   　D) 3   27 -8

9. 有如下程序：

```
Private Sub Command1_Click()
  Dim a(-5 To 5)
  i=0
  For i=LBound(a, 1) To UBound(a, 1)
    a(i)=i
  Next i
  Print a(LBound(a, 1)); a(UBound(a, 1))
End Sub
```

程序运行后,单击命令按钮,输出结果为_____。

A) 0   0   　　　　　B) -5 0   　　　C) 0   5   　　　　D) -5 5

10. 有如下程序：

```
Private Sub Command1_Click()
  Dim a
  a=Array(1, 2, 3, 4, 5)
  For i=LBound(a) To UBound(a)
    a(i)=a(i) * i
    Print a(i);
  Next i
End Sub
```

程序运行后,单击命令按钮,输出结果为_____。

A) 0 1 2 3 4   　　　B) 1 2 3 4 5   　　　C) 0 2 6 12 20   　　D) 出错

11. 在窗体上画一个名称为 Command1 的命令按钮,然后编写如下事件过程：

```
Option Base 1
Private Sub Command1_Click()
  Dim a
  a=Array(1, 2, 3, 4, 5)
  For i=1 To UBound(a)
    a(i)=a(i)+i-1
  Next i
  Print a(3)
End Sub
```

程序运行后,单击命令按钮,则在窗体上显示的内容是_____。

A) 4   　　　　　　B) 5   　　　　　C) 6   　　　　　D) 7

12. 有如下程序：

```
Option Base 1
Private Sub Command1_Click()
  Dim arr, sum
```

```
      sum=0
      arr=Array(2, 4, 6, 8, 10, 12, 14, 16, 18, 20)
      For i=1 To 10
        If arr(i) / 3=arr(i) \ 3 Then
            sum=sum+arr(i)
        End If
      Next i
      Print sum
  End Sub
```

程序运行后,单击命令按钮,则在窗体上显示的内容是_____。

A) 15   B) 18   C) 30   D) 36

13. 在窗体上画一个命令按钮,其名称为 Command1,然后编写如下事件过程:

```
Private Sub Command1_Click()
  Dim a1(4,4), a2(4,4)
  For i=1 To 4
      For j=1 To 4
          a1(i,j)=i+j
          a2(i,j)=a1(i,j)+i+j
      Next j
  Next i
  Print a1(3,3); a2(3,3)
End Sub
```

程序运行后,单击命令按钮,在窗体上输出的结果是_____。

A) 6 6   B) 6 12   C) 7 21   D) 10 5

14. 在窗体上画一个命令按钮,其名称为 Command1,然后编写如下事件过程:

```
Option Base 1
Private Sub Command1_Click()
  Dim a(5, 5) As Integer
  For i=1 To 5
    For j=1 To 5
      a(i, j)=(i+j) * 5\10
    Next j
  Next i
  s=0
  For i=1 To 5
    s=s+a(i, i)
  Next i
  Print s
End Sub
```

程序运行后,单击命令按钮,在窗体上输出的结果是_____。

A) 9   B) 11   C) 13   D) 15

15. 设有命令按钮 Command1 的单击事件过程，代码如下：

```
Private Sub Command1_Click()
  Dim a(30) As Integer
  For i=1 To 30
    a(i)=Int(Rnd * 100)
  Next
  For Each arrItem In a
    If arrItem Mod 7=0 Then Print arrItem;
    If arItem>90 Then Exit For
  Next
End Sub
```

下面关于这段程序描述不正确的是_____。

A）数组 a 中的数据是 30 个 100 以内随机产生的整数

B）语句 For Each arrItem In a 有语法错误

C）If arritem mod 7＝0 Then Print arrItem 语句的功能是输出数组中能够被 7 整除的数

D）if arritem＞90 Then Exit For 语句的作用是当数组元素的值大于 90 时退出 for 循环

16. 窗体上有一个名为 List1 的列表框，以输入了若干项目，如图 1-5-4 所示。还有两个名为 Text1、Text2 的文本框和一个名为 Command1 的命令按钮，并有如下程序：

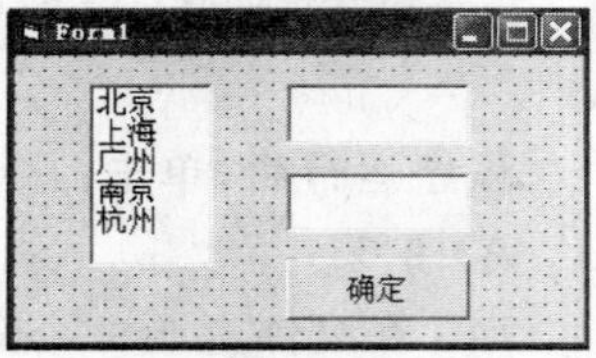

图　1-5-4

```
Option Base 1
Private Sub Form_Load()
  Form1.Show
  Text1.SetFocus
End Sub
Private Sub Command1_Click()
  Dim i As Integer
  Dim s As String, str As String
  s=Text1
  str=""
  For i=0 To List1.ListCount -1
    If InStr(List1.List(i), s) <>0 Then
      str=str & List1.List(i) & "   "
    End If
  Next i
  If str="" Then
    Text2="没有匹配项"
  Else
    Text2=str
  End If
End If
```

————————————————— Visual Basic 程序设计习题与实验指导

```
End Sub
```

程序运行后,在 Text1 中输入"州"后,单击命令按钮,在 Text2 中显示的内容
为_____。

A) 州　　　　　　　B) 杭州　广州　　　　C) 广州　杭州　　　　D) 没有匹配项

17. 在窗体上画一个命令按钮,然后编写如下事件过程:

```
Private Sub Command1_Click()
    Dim a(5) As String
    For i=0 To 5
        a(i)=Chr(Asc("A")+i)
    Next i
    For Each b In a
        Print b;
    Next
End Sub
```

程序运行后,单击命令按钮,输出结果是_____。

A) ABCDEF　　　　　　　　　　　B) abcdef

C) 0　1　2　3　4　5　　　　　　　D) 出错信息

18. 下列关于控件数组的概念描述不正确的是_____。

A) 控件数组由一组相同类型的控件组成

B) 控件数组中的每个控件共用一个相同的控件名字,但属性设置可以不同

C) 控件数组中的每个控件都有唯一的索引号(Index),即下标

D) 控件数组共享同样的事件过程

19. 如下程序段定义了学生成绩的记录类型,由学号、姓名和三门课程成绩(百分制)
组成。

```
Private Type stu
    no As Integer
    name As String
    score(1 To 3) As Single
End Type
```

若对某个学生的各个数据项进行赋值,下列程序段中正确的是_____。

A)
```
Dim s As stu
stu.no=1001
stu.name="王佳"
stu.score= 78,88,90
```

B)
```
Dim s As stu
s.no=1001
s.name="王佳"
s.score= 78,88,90
```

C)
```
Dim s As stu
stu.no=1001
```

D)
```
Dim s As stu
s.no=1001
```

```
stu.name="王佳"                    s.name="王佳"
stu.score(1)=78                  s.score(1)=78
stu.score(2)=88                  s.score(2)=88
stu.score(3)=90                  s.score(3)=90
```

20. 在窗体上画两个命令按钮,名称分别为 Command1、Command2,并编写如下程序:

```
Private Sub Command1_Click()
  k=1
  For i=1 To m
    For j=1 To n
      a(i, j)=k
      k=k+1
    Next j
  Next i
End Sub


Private Sub Command2_Click()
  Sum=0
  For i=1 To m
    For j=1 To n
      If i=1 Or i=m Then
        Sum=Sum+a(i, j)
      Else
        If j=1 Or j=n Then
          Sum=Sum+a(i, j)
        End If
      End If
    Next j
  Next i
  Print Sum
End Sub
```

过程 Command1_Click()的作用是在二维数组 a 中存放一个 m 行 n 列的矩阵;过程 Command2_Click()的作用是_____。

A) 计算矩阵外围一圈元素的累加和

B) 计算矩阵除外围一圈以外的所有元素的累加和

C) 计算矩阵第一行和最后一行元素的累加和

D) 计算矩阵第一列和最后一列元素的累加和

二、填空题

1. 如下数组声明语句中,数组 a 中包含的元素个数为_____。

```
Dim a(2, -3 To 3, 4)
```

2. 下列程序的输出结果为_____。

```
Option Base 1
Private Sub Command1_Click()
    Dim a
    a=Array(2, 4, 6, 8)
    j=1
    For i=4 To 1 Step -1
      s=s+a(i) * j
      j=j * 10
    Next i
    Print s
End Sub
```

3. 下列程序的输出结果为_____。

```
Private Sub Command1_Click()
    Dim a
    ReDim a(6)
    For i=1 To 5
      a(i)=i * i
    Next i
    Print a(a(2) * a(3)-a(4) * 2)+a(5)
End Sub
```

4. 有如下程序段：

```
Option Base 1
Private Sub Command1_Click()
  Dim i As Integer
  Dim a(3, 3) As Integer
  For i=1 To 3
    For j=1 To 3
      a(i, j)=(i-1) * 3+j
    Next j
  Next i
  For i=1 To 3
    Print a(i, 4-i);
  Next i
End Sub
```

程序运行后,单击命令按钮,在窗体上输出结果为_____。

5. 有如下程序段：

```
Option Base 1
Private Sub Command1_Click()
```

```
Dim i As Integer, j As Integer
Dim a(4, 4) As Integer
For i=1 To 4
  For j=1 To 4
    If i<=j Then
      a(i, j)=1
    Else
      a(i, j)=0
    End If
  Next j
Next i
For i=1 To 4
  For j=1 To 4
    Print a(i, j);
  Next j
  Print
Next i
End Sub
```

程序运行后,单击命令按钮,在窗体上输出结果为_____。

6. 窗体上有一个单选按钮数组,其中含有三个单选按钮;还有一个标题为"显示"的命令按钮,如图 1-5-5 所示。程序的功能是:运行时,如果选中一个单选按钮并单击"显示"按钮,则在窗体上显示相应的信息,例如选中"学生",则在窗体显示"我是一名学生"。请完善程序。

```
Private Sub Command1_Click()
  For i=0 To Option1.Count -1
    If _____=True Then
      Print "我是一名"+_____
    End If
  Next i
End Sub
```

图　1-5-5

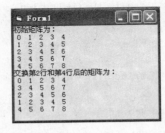

图　1-5-6

7. 在窗体上按 5 行 5 列的矩阵形式显示一组数据,然后交换矩阵第二行和第四行的数据,并在窗体上输出交换后的矩阵,如图 1-5-6 所示,请完善程序。

—————————— Visual Basic 程序设计习题与实验指导

```
Option Base 0
Private Sub Form_Click()
  Dim a(4, 4) As Integer
  Print "初始矩阵为："
  For i=0 To 4
    For j=0 To 4
      a(i, j)=i+j
      Print a(i, j);
    Next j
    Print
  Next i
  For j=0 To 4
    t=_____
    a(1, j)=a(3, j)
    _____=t
  Next j
  Print "交换第二行和第四行后的矩阵为："
  For i=0 To 4
    For j=0 To 4
      Print _____;
    Next j
    Print
  Next i
End Sub
```

8. 下列程序产生 10 个 0～100(包括 0,不包括 100)之间的随机整数,然后排序输出,请完善程序。

```
Private Sub Command1_Click()
  Dim a(1 To 10) As Integer
  Dim i As Integer, j As Integer, t As Integer
  For i=1 To 10
    a(i)=Int(Rnd * 100)
  Next i
  For i=1 To 9
    For j=_____
      If a(j)>a(j+1) Then
        _____
        a(j)=a(j+1)
        a(j+1)=t
      End If
    Next j
  Next i
  For i=1 To 10
    Print a(i);
```

```
    Next i
End Sub
```

9. 以下程序的功能是：将一维数组 a 中的 100 个元素分别赋给二维数组 b 的每个元素并打印出来，要求把 a(1) 到 a(10)，把 a(11) 到 a(20) 依次赋给 b(2,1) 到 b(2,10)，……，把 a(91) 到 a(100) 依次赋给 b(10,1) 到 b(10,10)。请填空。

```
Option Base 1
Private Sub Command1_Click()
    Dim i As Integer, j As Integer
    Dim a(1 To 100) As Integer
    Dim b(1 To 10, 1 To 10) As Integer
    For i=1 To 100
        a(i)=Int(Rnd * 100)
    Next i
    For i=1 To _____
        For j=1 To _____
            b(i, j)=_____
            Print b(i, j);
        Next j
        Print
    Next i
End Sub
```

10. 以下程序的功能是：在一个 n×m 的矩阵中，找出其中最大的元素所在的行和列，并输出其值和行号、列号。请填空。

```
Option Base 1
Private Sub Command1_Click()
    Dim m As Integer, n As Integer
    Dim h As Integer, v As Integer
    Dim max As Integer
    m=InputBox("请输入行数：")
    n=InputBox("请输入列数：")
    ReDim a(m, n) As Integer
    For i=1 To m
        For j=1 To n
            a(i, j)=InputBox("请输入矩阵的值：")
        Next j
    Next i
    max=a(1, 1)
    For i=1 To m
        For j=1 To n
            If max<a(i, j) Then
                _____
                h=_____
```

```
            v=_____
        End If
    Next j
  Next i
  Print "矩阵中最大元素的值为："; max
  Print "最大元素值所在行为："; h; "最大元素值所在列为："; v
End Sub
```

5.3　自测练习题参考答案

一、选择题

1	2	3	4	5	6	7	8	9	10
B	C	A	D	B	A	C	C	D	C
11	12	13	14	15	16	17	18	19	20
B	D	B	D	B	C	A	B	D	A

二、填空题

1. 105

2. 2468

3. 41

4. 3　5　7

5. 1　1　1　1
   0　1　1　1
   0　0　1　1
   0　0　0　1

6. Option1(i). Value   Option1(i). Caption

7. a(1,j)   a(3,j)   a(i,j)

8. 1 To 9   t=a(j)

9. 10   10   a(10*i−10+j)

10. max=a(i,j)   i   j

第 6 章 过 程

6.1 例 题 解 析

一、选择题

1. 在 Visual Basic 程序设计中,可以通过过程名返回值,但只能返回一个值的过程是_____。

A) Sub   B) Sub 和 Function

C) Function   D) Sub 或 Function

【解析】 根据过程是否有返回值,通用过程分成两类:子程序过程(Sub 过程)和函数过程(Function 过程)。Sub 过程无返回值,Function 过程有返回值。因此正确答案为 C。

2. 可变参数过程正确的定义格式为_____。

A) Sub 过程名(数组名)   B) Sub 过程名(Param Array 数组名)

C) Sub 过程名()   D) Sub 过程名

【解析】 过程调用中的实参个数应等于过程定义时的形参的个数。但用 ParamArray 关键字指明时,过程将能够接受任意个数的参数。这种具有可变参数的过程需要用关键字 ParamArray 来定义,一般格式为:Sub 过程名(ParamArray 数组名())。因此正确答案是 B。

3. 为达到把 a、b 中的值交换后输出的目的,某人编程如下:

```
Private Sub Command1_Click()
a%=10:b%=20
Call swap(a,b)
Print a,b
End Sub
Private Sub swap(ByVal a As Integer,ByVal b As Integer)
c=a:a=b:b=c
End Sub
```

在运行时发现输出结果错了,需要修改。下面列出的错误原因和修改方案中正确的是_____。

A）调用 swap 过程的语句错误,应改为 Call swap a,b

B）输出语句错误,应改为:Print "a","b"

C）过程的形式参数有错,应改为:swap(ByRef a As Integer,ByRef b As Integer)

D）swap 中 3 条赋值语句的顺序是错误的,应改为 a=b:b=c:c=a

【解析】 本题考查的是参数传递过程中传值和传址的问题。按值传递参数时,实际参数把值传递给对应的形式参数后,实参与形参断开了联系。如果在被调过程执行中改变形参的值,也不会影响实参变量本身。按址传送参数时,实际使过程通过变量的内存地址去访问实际变量的内容,从而使形参变量与实参变量使用相同的内存地址。当在被调用过程运行中,形参变量发生改变,实参变量也随着改变,从被调用过程返回到主调过程后,实参变量的值就变成了改变以后的值。本题中使用 ByVal 传送参数 a 和 b,表示是按值传递。调用过程后,过程中变量交换后,并不能将交换后的值传递回来。所以应该使用传址方式传递参数。因此正确答案是 C。

4. 下面程序的输出结果是_____。

```
Private Sub Command1_Click()
ch$ ="ABCDEF"
proc ch
Print ch
End Sub
Private Sub proc(ch As String)
S=""
For k=Len(ch) To 1 Step-1
s=s&Mid(ch,k,1)
Next k
ch=s
End Sub
```

A）ABCDEF   B)FEDCBA   C）A   D）F

【解析】 本题单击命令按钮后,将字符串"ABCDEF"赋给变量 ch,然后调用子过程 proc。在子过程 proc 中,利用 For 循环和 Mid 函数将字符串反序。子过程调用后,反序后的结果传递回主过程。因此正确答案是 B。

5. 以下说法正确的是_____。

A）在 Visual Basic 的应用程序中,过程的定义可以嵌套,但过程的调用不能嵌套

B）在 Visual Basic 的应用程序中,过程的定义不可以嵌套,但过程的调用可以嵌套

C）在 Visual Basic 的应用程序中,过程的定义和过程的调用均可以嵌套

D）在 Visual Basic 的应用程序中,过程的定义和过程的调用均不能嵌套

【解析】 本题考查的是过程的定义和嵌套问题。对于过程间的定义必须是各自独立的,不能嵌套定义。而一般来说,通用过程之间、事件过程之间、通用过程与事件过程之间都可互相调用。当然调用时也可以嵌套。因此正确答案是 B。

6. 有一子程序定义为 Public Sub aaa(a As Integer,b As Single),正确的调用形式

是_____。

A) Call aaa 1,1.2   B) Call sub(1,1.2)

C) aaa 1,1.2   D) sub 1,1.2

【解析】 本题考查的是通用过程的调用格式。通用过程的调用有两种格式。

一种是用 Call 语句调用 Sub 过程,格式为:

Call 过程名[(参数表)]

另一种是把过程名作为一个语句来使用,格式为:

过程名 参数表

本题中只有满足通用过程的调用格式要求,因此正确答案是 C。

7. 在窗体上画一个命令按钮,其名称为 Command1,然后编写如下程序:

```
Function M(x As Integer,y As Integer)As Integer
    M=IIf(x>y,x,y)
End Function
Private Sub command1_Click()
  Dim a As Integer,b As Integer
  a=100
  b=200
  Print M(a,b)
End Sub
```

程序运行后,单击命令按钮,输出结果为_____。

A) 200   B) 300   C) 100   D) 280

【解析】 本题考查的是函数过程的调用。本题单击命令按钮后,将字符串 a 和 b 变量赋值 100 和 200,使用 Print M(a,b)语句调用子过程 M,将 a 值传送给 x,将 b 值传送给 y,在子过程 M 中,利用 IIF 函数求得函数值为 200。因此正确答案是 A。

8. 单击命令按钮时,下列程序的执行结果为_____。

```
Private Sub Command1_Click()
Dim x As Integer, y As Integer
x=12:y=32
Call PCS(x, y)
Print x; y
End Sub
Public Sub PCS(ByVal n As Integer, ByVal m As Integer)
n=n Mod 10
m=m Mod 10
End Sub
```

A) 12 32   B) 2 32   C) 2 3   D) 12 3

【解析】 本题单击命令按钮后,声明变量 x,y 并赋值 12 和 32,然后调用子过程 PCS。将 x,y 的值传递给 n,m。在子过程 PCS 中,将 n 与 m 分别与 10 进行求余数。但是由于子过程调用中采用的是传值方式,计算的结果并不传递回实际参数 x,y。因此正确答案是 A。

9. 假定有如下的 Sub 过程:

```
Sub  s(x As Single,y As Single)
  t=x
  x=t/y
  y=t Mod y
End Sub
```

在窗体上画一个命令按钮,然后编写如下事件过程:

```
Private Sub Command1_Click()
  Dim a As Single
  Dim b As Single
  a=5
  b=4
  S a,b
  Print a,b
End Sub
```

程序运行后,单击命令按钮,输出结果为_____。

A) 5 4   B) 1 1   C) 1.25 4   D) 1.25 1

【解析】　本题单击命令按钮后,声明变量 a,b 并赋值,然后调用子过程 S。将 a,b 的值传递给 x,y。在子过程 S 中,将 x 与 y 的商赋给 x,将 x 与 y 的余数赋给 y。子过程调用后,将商和余数分别传递回实际参数 a,b。因此正确答案是 D。

10. 单击一次命令按钮后,下列程序的执行结果是_____。

```
Private Sub Command1_Click()
s=P(1)+P(2)+P(3)+P(4)
Print s
End Sub
Public Function P(N As Integer)
Static Sum
For i=1 To N
Sum=Sum+i
Next i
P= Sum
End Function
```

A) 15   B) 25   C) 35   D) 45

【解析】　本题单击命令按钮后,多次调用子过程 P。当实际参数为 1 时,在子函数中,经过循环 Sum 为 1,函数 P 为 1。当实际参数为 2 时,在子函数中,由于 Sum 为静态变量,经过循环 Sum 为 4,函数 P 为 4。当实际参数为 3 时,在子函数中,由于 Sum 为静态变量,经过循环 Sum 为 10,函数 P 为 10。当实际参数为 4 时,在子函数中,由于 Sum

为静态变量,经过循环 Sum 为 20,函数 P 为 20。主过程将 P(1)、P(2)、P(3)、P(4)的值相加为 35。因此正确答案是 C。

二、填空题

1. 在过程定义中出现的变量名叫做_____参数,而在调用过程时传送给过程的常数、变量、表达式或数组叫做_____参数。

【解析】 本题考查的是关于实际参数和形式参数的定义。形式参数,简称为形参,它是在自定义一个 Sub 过程或 Function 过程名后圆括号中出现的变量名,用于接受从主调过程传递给该过程或函数的数据。实际参数,简称为实参,是在调用 Sub 过程或 Function 过程时,在过程名后的参数。通过调用,将数据传送给被调过程对应的形参变量。因此正确答案是:形式、实际。

2. 当用数组作为过程的参数时,使用的是_____方式,而不是_____方式。

【解析】 当用数组作为过程的参数时,不是把主过程的实际参数数组中的元素一一传送给子过程的形式参数数组元素,而是把主过程的实际参数数组的地址传送给子过程,使形式参数和实际参数具有相同的起始地址,即数组参数的传递方式应使用"传地址"方式,而不是传值方式。因此正确答案是:传地址、传值。

3. 计算 1＋2＋3＋…n。

```
Function  AA(ByVal N As integer) As integer
    Dim  t  As  Single
    t=0
    For i%=1 TO N
          t=t+i%
    Next  i%

         _____
End  Function
Private  Sub  Form_Click()
  Dim N As Single
  N=Val(InputBox("输入 N 的值:  "))
  Print  AA(N)
End Sub
```

【解析】 本题为增强程序的通用性,使用 Function 函数来实现求和。Function 函数需要有返回值,所以在子程序中,利用循环求出和 t 后,应该将 t 的值赋给 AA。因此正确答案是:AA＝t。

4. 请将下列程序补充完整。

```
Private  Sub Form_Click()
    I= 1
DO  while  I<=5
    Print  "f(";I;")=";sq(I+1)
    I=I+1
```

```
   Loop
   End   Sub
   Function _____
      x=x+1
      Sq=x * (x-1)
   End _____
```

【解析】 本题主要考查函数过程的定义和调用。在主过程中语句 Print   "f(";I;")=";
sq(I+1)调用 sq 函数,可知函数过程名为 sq,I 为循环变量,它应该是整型数。从函数过
程中能够判断形式变量为 x,所以第一个空应填 sq(x As Integer)。函数过程的格式都是
Function…开头,而 End Function 结束,必须成对出现。因此正确答案是:sq(x As
Integer)、Function。

5. 已知斐波那契数列的第一项和第二项都是1,其后每一项都是其前面两项的和,形
如:1,1,2,3,5,8,13,…,以下编写了一个过程,能够求出数列的前 n 项,请将程序补充
完整。

```
Option Base 1
Private Sub Command1_Click()
    Dim fb() As Integer
    Dim n As Integer
    N=CInt(InputBox("请输入数列的项数"))
    If n>0 Then
       ReDim fb(n)
       Call _____
       For i=1 To n
          Print fb(i);
       Next
    End If
End Sub
Private Sub CalSub(fb() As Integer, n As Integer)
    Dim i As Integer
    If n>=1 Then fb(1)=1
    If n>=2 Then fb(2)=1
    For i=3 To n
    fb(i)=fb(i-1)+fb(i-2)
    Next
End Sub
```

【解析】 本题考查的是 Sub 过程的调用。Sub 过程调用的格式为:

Call   过程名(实际参数)

因此正确答案是:CalSub(fb(),n)。

6.2 自测练习题

一、选择题

1. 在窗体上画一个命令按钮,名称为 Command1。程序运行后,如果单击命令按钮,则显示一个输入对话框,在该对话框中输入一个整数,并用这个整数作为实参调用函数过程 F1。在 F1 中判断所输入的整数是否是奇数,如果是奇数,过程 F1 返回 1,否则返回 0。能够正确实现上述功能的代码是_____。

A)

```
Private Sub Command1_Click()
    x= InputBox("请输入整数")
    A=F1(Val(x))
    Print a
End Sub
Function F1(ByRef b As Integer)
    If b Mod 2=0 Then
    Return 0
    Else
    Return 1
    End If
End Function
```

B)

```
Private Sub Command1_Click()
    x= InputBox("请输入整数")
    A=F1(Val(x))
    Print a
End Sub
Function F1(ByRef b As Integer)
    If b Mod 2=0 Then
    F1=0
    Else
    F1=1
    End If
End Function
```

C)

```
Private Sub Command1_Click()
    x= InputBox("请输入整数")
    F1(Val(x))
    Print a
End Sub
Function F1(ByRef b As Integer)
    If b Mod 2=0 Then
    F1=1
    Else
    F1=0
    End If
End Function
```

D)

```
Private Sub Command1_Click()
    x= InputBox("请输入整数")
    F1(Val(x))
    Print a
End Sub
Function F1(ByRef b As Integer)
    If b Mod 2=0 Then
    Return 0
    Else
    Return 1
    End If
End Function
```

2. 以下关于函数过程的叙述中,正确的是_____。

A) 如果不指明函数过程参数的类型,则该参数没有数据类型

B) 函数过程的返回值可以有多个

C) 当数组作为函数过程的参数时,既能以传值方式传递,也能以引用方式传递

D）函数过程形参的类型与函数返回值的类型没有关系

3. 以下叙述中错误的是_____。

A）如果过程被定义为 Static 类型，则该过程中的局部变量都是 Static 类型

B）Sub 过程中不能嵌套定义 Sub 过程

C）Sub 过程中可以嵌套调用 Sub 过程

D）事件过程可以像通用过程一样由用户定义过程名

4. 假定有以下函数过程：

```
Function Fun(S As String) As String
Dim s1 As String
For i= 1 To Len(S)
   s1=UCase(Mid(S,i,1))+s1
Next i
Fun=s1
End Function
```

在窗体上画一个命令按钮，然后编写如下事件过程：

```
Prlvate Sub Commmldl_Click()
Dim Str1 As String,Str2 As String
Strl=inputbox("请输入一个字符串")
Str2=Fun(Strl)
Print Str2
End Sub
```

程序运行后，单击命令按钮，如果在输入对话框中输入字符串"abcdefg"，则单击"确定"按钮后在窗体上的输出结果为_____。

A）abcdefg   B）ABCDEFG   C）gfedcba   D）GFEDCBA

5. 用语句 Private Sub Convert(Y As Integer)定义的 Sub 过程时，以下不是按值传递且调用正确的语句是_____。

A）Call Convert((X))   B）Call Convert(X * 1)

C）Convert X   D）Convert(X)

6. 在窗体上画一个名称为 Command1 的命令按钮，再画两个名称分别为 Label1、Label2 的标签，然后编写如下程序代码：

```
Private x As Integer
Private Sub Commandl_Click()
x=5: y=3
Call proc(x,y)
Labell.Caption=x
Label2.Caption=y
End Sub
Private Sub proc(ByVal a As Integer,ByVal b As Ineger)
   x=a * a
   y=b+b
```

```
End Sub
```

程序运行后,单击命令按钮,则两个标签中显示的内容分别是_____。

A) 5 和 3   B) 25 和 3   C) 25 和 6   D) 5 和 6

7. 设有如下通用过程:

```
Public Function f(x As Integer)
Dim y As Integer
x=20
y=2
f=x * y
End Function
```

在窗体上画一个名称为 Command1 的命令按钮,然后编写如下事件过程:

```
Private Sub Command1_Click()
Static x As Integer
x=10
y=5
y=f(x)
Print x; y
End Sub
```

程序运行后,如果单击命令按钮,则在窗体上显示的内容是_____。

A) 10   5   B) 20   5   C) 20   40   D) 10   40

8. 设有如下通用过程:

```
Public Sub Fun(a(), ByVal x As Integer)
For i=1 To 5
    x=x+a(i)
Next
End Sub
```

在窗体上画一个名称为 Text1 的文本框和一个名称为 Command1 的命令按钮,然后编写如下的事件过程:

```
Private Sub Command1_Click()
Dim arr(5) As Variant
For i=1 To 5
    arr(i)=i
Next
n=10
Call Fun(arr(), n)
Text1.Text=n
End Sub
```

程序运行后,单击命令按钮,则在文本框中显示的内容是_____。

A) 10   B) 15   C) 25   D) 24

9. 运行下面的程序，当单击窗体时，窗体上第四行内容是_____。

```
Option Explicit
Dim x As Integer, y As Integer
Private Sub Form_Click()
Dim a As Integer, b As Integer
    a=5: b=3
    Call sub1(a, b)
    Print a, b
    Print x, y
End Sub
Private Sub sub1(ByVal m As Integer, n As Integer)
 Dim x As Integer, y As Integer
    x=m+n
    y=m-n
    m=fun1(x, y)
    n=fun1(x, y)
End Sub
Private Function fun1(a As Integer, b As Integer) As Integer
    x=a+b: y=a-b
    Print x, y
    fun1=x+y
End Function
```

A) 10　6　　　　　　B) 5　16　　　　　C) 10　5　　　　　D) 10　16

10. 在窗体上画一个名称为 Text1 的文本框，一个名称为 Command1 的命令按钮，然后编写如下事件过程和通用过程：

```
Private Sub Command1_Click()
n=Val(Text1.Text)
If n\2=n/2 Then
    f=f1(n)
Else
    f=f2(n)
End If
Print f; n
End Sub
Public Function f1(ByRef x)
    x=x * x
    f1=x+x
End Function
Public Function f2(ByVal x)
    x=x * x
    f2=x+x+x
End Function
```

程序运行后,在文本框中输入 6,然后单击命令按钮,窗体上显示的是_____。

A) 72　36　　　　　B) 108　36　　　　C) 72　　6　　　　D) 108　6

11. 在窗体上画一个名称为 Command1 的命令按钮,然后编写如下通用过程和命令按钮的事件过程:

```
Private Function f(m As Integer)
If m Mod 2=0 Then
    f=m
Else
    f=1
End If
End Function
Private Sub Command1_Click()
Dim i As Integer
s=0
For i=1 To 5
    s=s+f(i)
Next
Print s
End Sub
```

程序运行后,单击命令按钮,在窗体上显示的是_____。

A) 11　　　　　　　B) 10　　　　　　　C) 9　　　　　　　D) 8

12. 在窗体上画一个名称为 Command1 的命令按钮,并编写如下程序:

```
Private Sub Command1_Click()
Dim x As Integer
Static y As Integer
x=10
y=5
Call f1(x,y)
Print x,y
End Sub
Private Sub f1(ByRef x1 As Integer, y1 As Integer)
x1=x1+2
y1=y1+2
End Sub
```

程序运行后,单击命令按钮,在窗体上显示的内容是_____。

A) 10　5　　　　　　B) 12　5　　　　　C) 10　7　　　　　D) 12　7

13. 设有如下程序:

```
Option Base 1
Private Sub Command1_Click()
Dim a(10) As Integer
```

```
Dim n As Integer
n=InputBox("输入数据")
If n<10 Then
    Call GetArray(a,n)
End If
End Sub
Private Sub GetArray(b() As Integer,n As Integer)
Dim c(10) As Integer
j=0
For i=1 To n
    b(i)=CInt(Rnd( ) * 100)
    If b(i)/2=b(i)\2 Then
        j=j+1
        c(j)=b(i)
    End If
Next
Print j
End Sub
```

以下叙述中错误的是_____。

A) 数组 b 中的偶数被保存在数组 c 中

B) 程序运行结束后,在窗体上显示的是 c 数组中元素的个数

C) GetArray 过程的参数 n 是按值传送的

D) 如果输入的数据大于 10,则窗体上不显示任何显示

14. 某人编写了一个能够返回数组 a 中 10 个数中最大数的函数过程,代码如下:

```
Function Maxvalue(a() As Integer) As Integer
Dim max%
max=1
For k=2 To 10
If a(k)>a(max) Then
max=k
End If
Next k
Maxvalue=max
End Function
```

程序运行时,发现函数过程的返回值是错的,需要修改,下面的修改方案中正确的是_____。

A) 语句 max=1 应改为 max=a(1)

B) 语句 For k=2 To 10 应改为 For k=1 To 10

C) If 语句中的条件 a(k)>a(max)应改为 a(k)>max

D) 语句 Maxvalue=max 应改为 Maxvalue=a(max)

15. 假定一个工程由一个窗体文件 Form1 和两个标准模块文件 Model1 及 Model2

组成。

Model1 代码如下：

```
Public x As Integer
Public y As Integer
Sub S1()
  x=1
  S2
End Sub
Sub S2()
  y=10
  Form1.Show
End Show
```

Model2 的代码如下：

```
Sub Main()
    S1
End Sub
```

其中 Sub Main 被设置为启动过程。程序运行后，各模块的执行顺序是_____。

A) Form1－>Model1－>Model2   B) Model1－>Model2－>Form1

C) Model2－>Model1－>Form1   D) Model2－>Form1－>Model1

16. 执行 Command1_Click 事件过程时，共输出 4 行数据，其中第三行输出结果为_____。

```
Private Sub Command1_Click()
    dunno 3
    End Sub
Public Function dunno(M As Integer)
Dim value As Integer
  If M=0 Then
     value=3
  Else
     value=dunno(M-1)+5
  End If
  dunno=value
  Print M, value
End Function
```

A) 0   3   B) 2   8   C) 4   18   D) 2   13

17. 程序运行后，窗体输出的结果 A(1,2)的值为_____。

```
Private Sub Command1_Click()
    Dim I As Integer, J As Integer
    Dim A(1 To 3, 1 To 3) As Integer, N As Integer
        N=3
        For I=1 To 3
```

```
        For J=1 To 3
            K=K+1
            A(I, J)=K+10
        Next J
    Next I
    Call Sub1(A, N)


End Sub
Private Sub Sub1(A() As Integer, N As Integer)
Dim I As Integer, J As Integer, T As Integer, K As Integer
    K=N+1
    For I=Int(N / 2) To 1 Step -1
        For J=N-I To I Step -1
            T=A(K-J, I)
            A(K-J, I)=A(I, J)
            A(I, J)=A(J, K-1)
            A(J, K-1)=A(K-I, N+1-J)
            A(K-I, N+1-J)=T
            Print "A("; I; ","; J; ")="; A(I, J)
        Next J
    Next I
End Sub
```

A) 18   B) 12   C) 13   D) 16

18. 函数过程 F1 的功能是：如果参数 b 为奇数,则返回值为 1,否则返回值为 0。以下能正确实现上述功能的代码是_____。

A)

```
Function F1(b As Integer)
   If b Mod 2=0 Then
       Return 0
   Else
       Return 1
   End If
End Function
```

B)

```
Function F1 (b As Integer)
   If b Mod 2=0 Then
       F1=0
   Else
       F1=1
   End If
End Function
```

C)

```
Function F1 (b As Integer)
   If b Mod 2=0 Then
       F1=0
   Else
       F1=0
   End If
End Function
```

D)

```
Function F1 (b As Integer)
   If b Mod 2<>0 Then
       Return 0
   Else
       Return 1
   End If
End Function
```

19. 在窗体上画一个命令按钮,其名称为 Command1,然后编写如下程序:

```
Private Sub Command1_Click()
    Dim a(10)as integer
    Dim x as integer
    For i=1 to 10
        a(i)=8+I
    Next
    x=2
    Print a(f(x)+x)
End sub
Function f(x as integer)
    x=x+3
    f=x
End Function
```

程序运行后,单击命令按钮,输出结果为_____。

A) 12   B) 15   C) 17   D) 18

20. 在窗体上画 3 个标签、3 个文本框(名称分别为 Text1、Text2 和 Text3)和 1 个命令按钮(名称为 Command1)。

```
Private sub form_load()
    Text1.Text=""
    Text2.Text=""
    Text3.Text=""
End sub
Private sub Command1_Click()
    x=val(text1.text)
    y=val(text2.text)
    Text3.Text=f(x,y)
End sub
Function f(byval x as integer, byval y as integer)
Do while y<>0
    tmp=x mod y
    x=y
    y=tmp
Loop
f=x
End function
```

运行程序,在 Text1 文本框中输入 36,在 Text2 文本框中输入 24,然后单击命令按钮,则在 Text3 文本框中显示的结果是_____。

A) 4   B) 6   C) 8   D) 12

21. 以下关于过程及过程参数的描述中,错误的是_____。

A) 过程的参数可以是控件名称

B) 用数组作为过程的参数时,使用的是"传地址"方式

C）只有函数过程能够将过程中处理的信息传回到调用的程序中

D）窗体可以作为过程的参数

22. 执行下面的程序，当单击窗体时，窗体上显示变量 z 的值为_____。

```
Private Sub P1(x As Integer, ByVal y As Integer)
Static z As Integer
x=x+z: y=x-z: z=10-y
End Sub
Private Sub Form_Click()
Dim a As Integer, b As Integer, z As Integer
a=1: b=3: z=2
Call P1(a, b)
Print a, b, z
Call P1(b, a)
End Sub
```

A）1   B）2   C）4   D）3

23. 以下叙述中正确的是_____。

A）一个 Sub 过程至少要有一个 Exit Sub 语句

B）一个 Sub 过程必须有一个 End Sub 语句

C）可以在 Sub 过程中定义一个 Function 过程，但不能定义 Sub 过程

D）调用一个 Function 过程可以获得多个返回

24. 有以下程序：

```
Sub subP(b() As Integer)
    For i=1 To 4
        b(i)=2 * i
    Next i
End Sub
Private Sub Command1_Click()
    Dim a(1 To 4) As Integer
    a(1)=5
    a(2)=6
    a(3)=7
    a(4)=8
    subP a()
    For i=1 To 4
        Print a(i)
    Next i
End Sub
```

运行上面的程序，单击命令按钮，输出结果为_____。

A）2   4   6   8   B）5   6   7   8

C）10   12   14   16   D）出错

25. 设有如下通用过程：

```
Public Function Fun(xStr As String) As String
    Dim tStr As String, strL As Integer
    tStr=""
    strL=Len(xStr)
    i=1
    Do While i<=strL/2
      tStr=tStr & Mid(xStr,i,1) & Mid(xStr,strL-i+1,1)
       i=i+1
     Loop
     Fun=tStr
End Function
```

在窗体上画一个名称为 Text1 的文本框和一个名称为 Command1 的命令按钮。然后编写如下的事件过程：

```
Private Sub Command1_Click()
    Dim S1 As String
    S1= "abcdef"
    Text1.Text=Ucase(Fun(S1))
End Sub
```

程序运行后，单击命令按钮，则 Text1 中显示的是_____。

A) ABCDEF   B) abcdef   C) AFBECD   D) DEFABC

26. 以下关于函数过程的叙述中，正确的是_____。

A) 函数过程形参的类型与函数返回值的类型没有关系

B) 在函数过程中，过程的返回值可以有多个

C) 当数组作为函数过程的参数时，既能以传值方式传递，也能以传址方式传递

D) 如果不指明函数过程参数的类型，则该参数没有数据类型

27. 某人设计了下面的函数 fun，功能是返回参数 a 中数值的位数

```
Function fun(a As Integer) As Integer
Dim n%
n=1
While a\10>=0
n=n+1
a=a\10
Wend
fun=n
End Function
```

在调用该函数时发现返回的结果不正确，函数需要修改，下面的修改方案中正确的是_____。

A) 把语句 n＝1 改为 n＝0

B）把循环条件 a\10＞＝0 改为 a\10＞0

C）把语句 a＝a\10 改为 a＝a Mod 10

D）把语句 fun＝n 改为 fun＝a

28．有如下函数：

```
Function fun(a As Integer,n As Integer) As Integer
Dim m As Integer
While a>=n
a=a-n
m=m+1
Wend
fun=m
End Function
```

该函数的返回值是_____。

A）a 乘以 n 的乘积

B）a 加 n 的和

C）a 减 n 的差

D）a 除以 n 的商（不含小数部分）

29．下列程序的执行结果为_____。

```
Private Sub Command1_Click()
Dim s1 As String, s2 As String
s1="abcdef"
Call Invert(s1, s2)
Print s2
End Sub
Private Sub Invert(ByVal xstr As String, ystr As String)
Dim tempstr As String
i=Len(xstr)
Do While i>=1
tempstr=tempstr+Mid(xstr, i, 1)
i=i-1
Loop
ystr=tempstr
End Sub
```

A）fedcba   B）abcdef   C）afbecd   D）defabc

30．阅读下列程序：

```
Private Sub Command1_Click()
Dim i As Integer, k As Integer
k=2
For i=1 To 3
Print H(k) ;
Next i
End Sub
```

```
Function H(j As Integer)
a=0
Static b
a=a+1
b=b+1
H=a*b+j
End Function
```

程序运行后,单击命令按钮输出结果是_____。

A) 2　3　4　　　　　　B) 3　4　5　　　　C) 5　6　7　　　　D) 3　5　6

二、填空题

1. 窗体上有名称分别为 Text1、Text2 的两个文本框,要求文本框 Text1 中输入的数据小于 500,文本框 Text2 中输入的数据小于 1000,否则重新输入。为了实现上述功能,在以下程序中问号(?)处应填入的内容是_____。

```
Private Sub Text1_LostFocus()
    call checkinput(Text1,500)
End Sub
Private Sub Text2_LostFocus()
    call checkinput(Text2,1000)
End Sub
Sub checkinput(t as __?__, x as integer)
   If val(t.Text)>x Then
     msgbox"请重新输入!"
   End If
End Sub
```

2. 设有如下程序:

```
Private Sub Form_Click()
  Dim a AS Integer,b As integer
  a=20:b=50
  p1  a,b
  p2  a,b
  p3  a,b
  Print "a=";a,"b=";b
End Sub
Sub p1(x As Integer,ByVal y As Integer)
  x=x+10
  y=y+20
End Sub
Sub p2(byVal x As Integer, y As Integer)
  x=x+10
  y=y+20
```

```
End Sub
Sub p3(ByValx As Integer, ByVal y As Integer)
   x=x+10
   y=y+20
End Sub
```

该程序运行后,单击窗体,则在窗体上显示的内容是：a=_____ 和 b=_____。

3. 设有如下程序：

```
Private Sub search(a()As variant,ByVal key As Variant,index%)
Dim I%
For I=LBound(a)To UBound(a)
   If key=a(I) Then
       index=I
       Exit Sub
   End If
Next I
index=-1
End Sub
Private Sub Form_Load()
   Show
   Dim b() As Variant
   Dim n As Integer
   b=Array(1,3,5,7,9,11,13,15)
   Call search(b,11,n)
   Print n
End Sub
```

程序运行后,输出结果是_____。

4. 在窗体上画两个组合框,其名称分别为 Combo1、Combo2,然后画两个标签,名称分别为 Label1、Label2,程序运行后,如果在某个组合框中选择一个项目,则把所选中的项目在其下面的标签中显示出来。请填空。

```
Private Sub Combo1_Click()
    Call ShowItem(Combo1, Label1)
End Sub
Private Sub Combo2_Click()
   Call ShowItem(Combo2, Label2)
End Sub
Public Sub ShowItem(tmpCombo As ComboBox, tmpLabel As Label)
    _____.Caption=_____.Text
End Sub
```

5. 设有以下函数过程：

```
Function fun(m As Integer) As Integer
```

```
    Dim k As Integer, sum As Integer
    sum= 0
    For k=m To 1 Step - 2
        sum= sum+ k
    Next k
    Fun= sum
End Function
```

若在程序中用语句 s＝fun(10)调用此函数,则 s 的值为_____。

6. 在 n 个运动员中选出任意 r 个人参加比赛,有很多种不同的选法,选法的个数可以用公式 $\dfrac{n!}{(n-r)!r!}$ 计算。在图 1-6-1 所示的窗体中,3 个文本框的名称依次是 Text1、Text2、Text3。程序运行时在 Text1、Text2 中分别输入 n 和 r 的值,单击 Command1 按钮即可求出选法的个数,并显示在 Text3 文本框中。请填空。

图　1-6-1

```
Private Sub Command1_Click()
    Dim r As Integer, n As Integer
    n=Text1
    r=Text2
    Text3= fun(n)/fun(_____)/fun(r)
End Sub
Function fun(n As Integer) as long
    Dim t As Long
    _____
    For k=1 To n
        t=t * k
    Next
    Fun=t
End Function
```

7. 在窗体上画一个名称为 Command1 的按钮和两个名称分别为 Text1、Text2 的文本框,如图 1-6-2 所示,然后编写如下程序:

```
Function fun(x As Integer, ByVal y As Integer) As Integer
x=x+ y
If x< 0 Then
    fun=x
Else
```

```
      fun=y
  End If
End Function


Private Sub Command1_click()
   Dim a As Integer, b As Integer
   a=-10:b=5
   Text1.Text=fun(a, b)
   Text2.Text=fun(a, b)
End Sub
```

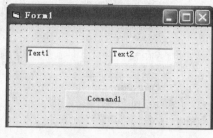

图 1-6-2

程序运行后，单击命令按钮，Text1 和 Text2 文本框显示的内容分别是_____和_____。

8. 计算 X^N。请填空。

```
Sub  nAA(ByVai N1 As integer,ByVai X1 As Single)
     Dim  nT1 As  Single
     nTl=1
     For i%=1 To _____
          nTi=_____
     Next  i%
     Print  nT1
End  Sub
Private  Sub  Command1_Click()
   Dim X  As  Single
   Dim N  As  integer
   X=Val(InputBox("输入 X 的值：  "))
   N=Val(InputBox("输入 N 的值：  "))
     _____
End Sub
```

9. 计算：$Cmn=m!/(n!*(m-n)!)$。请填空。

```
Sub  nF(ByVal n  As  Integer, n1  As  Single)
     n1=1
     For i%=1 To _____
          n1=n1*i%
     Next  i%
End Sub
Private  Sub  Form_Click()
     Dim  m, n  As  Integer
     Dim  Cmn, nt  As  Single
     DO
       m=Val(InputBox("请输入一个整数 m"))
       n=Val(InputBox("请输入一个整数 n"))
      Loop  While  _____
     Cmn=1
```

```
        Call  nF(m,nt)
        Cmn=Cmn * nt
        Call  nF(n,nt)
        Cmn=Cmn/nt
        Call _____
        Cmn=Cmn/nt
        Print  Cmn
End  Sub
```

10. 下列程序段计算 1+2!+3!+4!+…+20!，并打印结果，请填空。

```
Option  Explicit
_____
Private  Sub  Form1_Click()
    Dim  S  As  Double, j  As  Integer
    For j=1 To 20
        Nfactor _____
        S=S+F
    Next  j
    Form2.Print  "S=";S
End  Sub
Sub  nfactor(ByVal  n  As  Double)
    Dim  I  As  Integer
    _____
    nfactor=1
    For I=1 To n
        nfactor =nfactor * I
    Next  I
    _____
End Sub
```

6.3   自测练习题参考答案

一、选择题

1	2	3	4	5	6	7	8	9	10
B	D	D	D	C	B	C	A	A	A
11	12	13	14	15	16	17	18	19	20
C	D	C	D	C	D	D	B	D	D
21	22	23	24	25	26	27	28	29	30
C	B	B	A	C	A	B	D	A	B

二、填空题

1. Control

2. 30　　70

3. 5

4. tmplabel　　　tmpcombo

5. 30

6. n－r　　t＝1

7. －5　　　5

8. N1　　　nTl＊X1　　　nAA N,X(或 call nAA(N,X))

9. n　　　m≤＝n　　　nF((m－n),nt)

10. Dim F As Double　i　Dim nfactor as Double
    F＝nfactor

第 **7** 章 多窗体的程序设计

7.1 例 题 解 析

一、选择题

1. 以下叙述中错误的是_____。

A) 一个工程中只能有一个 Sub Main 过程

B) 窗体的 Show 方法的作用是将指定的窗体装入内存并显示该窗体

C) 窗体的 Hide 方法和 Unload 方法的作用完全相同

D) 若工程文件中有多个窗体,可以根据需要指定一个窗体为启动窗体

【解析】 本题考查的多窗体的相关语句。Hide 方法将窗体隐藏起来,虽然不在屏幕上显示,但窗体仍在内存中。它与 Unload 语句的作用是不一样的。Unload 它从内存中清除指定的窗体。所以 C 答案是错误的。因此正确答案是 C。

2. 多窗体程序由多个窗体组成。在默认情况下,Visual Basic 在执行应用程序时,总把_____指定为启动窗体。

A) 不包含任何控件的窗体　　　　　B) 设计时的第一个窗体

C) 命名为 Form1 的窗体　　　　　D) 包含控件最多的窗体

【解析】 启动窗体的设置可以通过对"工程"菜单中的"工程属性"对话框的设置来指定。如果没有特别指定启动窗体,则启动窗体为创建 Visual Basic 程序时系统在设计时添加的第一个窗体。因此正确答案是 B。

3. 如果窗体 Form1 不在内存中,要将其显示出来,正确的语句是_____。

A) Form1. Show　　　　　　　　B) Load. Form1

C) Show Form1　　　　　　　　D) Load Form1

【解析】 本题考查的多窗体的相关语句。Show 方法兼有装入和显示窗体两种功能。也就是说,在执行 Show 时,如果窗体不在内存中,则 Show 方法自动把窗体装入内存,然后再显示出来。格式:[窗体名.] Show。因此正确答案是 A。

4. 可以使用"工程"菜单将多个窗体添加到工程中,这个命令是_____。

A) 添加模块　　　　　　　　　　B) 工程属性

C）添加类模块　　　　　　　　　　D）添加窗体

【解析】　本题考查的是添加窗体的操作。在"工程"菜单下选择"添加窗体"可以添加窗体。因此正确答案是 D。

5. 在 Visual Basic 中，要使一个窗体不可见，但又不从内存中释放，应使用语句的是＿＿＿＿＿＿。

A）Show　　　　　　B）Hide　　　　　　C）Load　　　　　　D）Unload

【解析】　本题考查的是多窗体的相关语句。Hide 方法将窗体隐藏起来，虽然不在屏幕上显示，但窗体仍在内存中。格式为：［窗体名称.］Hide。因此正确答案是 B。

6. 关于多重窗体应用程序，以下叙述中不正确的是＿＿＿＿＿＿。

A）对于多重窗体应用程序，可以有多个当前窗体

B）多重窗体应用程序的启动窗体可以在设计时设定

C）多重窗体应用程序中每个窗体作为一个磁盘文件保存，所有窗体、标准模块等作为一个工程文件被保存

D）多重窗体应用程序可以编译生成一个 EXE 文件

【解析】　多重窗体应用程序可以有多个窗体，但只能有一个当前窗体。因此正确答案是 A。

7. 在 Visual Basic 工程中，可以作为"启动对象"的程序有＿＿＿＿＿＿。

A）任意窗体或标准模块　　　　　　B）任意窗体

C）任意窗体或 Sub Main 过程　　　D）Sub Main 过程或其他任意标准模块

【解析】　Visual Basic 规定，只有工程中的窗体或标准模块中的 Sub Main 过程可以作为程序的启动对象，并不是所有模块都可以。因此正确答案是 C。

8. 下列能使窗体 Form1 从内存中卸载的是＿＿＿＿＿＿。

A）Unload Form1　　　　　　　　　B）Load Form1

C）Form1. Hide　　　　　　　　　　D）Form1. Visual＝True

【解析】　本题考查的是多窗体的相关语句。卸载窗体应使用 Unload 方法。因此正确答案是 A。

9. 下列关于过程的说法正确的是＿＿＿＿＿＿。

A）Sub Main 过程属于通用过程

B）Sub Main 过程必须出现在标准模块中

C）Sub Main 过程必须出现在窗体模块中

D）Sub Main 过程不能作为启动对象

【解析】　本题考查的是 Sub Main 过程。Sub Main 过程要在标准模块中建立。因此正确答案是 B。

10. 下列语句中，可以以模态方式显示 Form2 的是＿＿＿＿＿＿。

A）Load Form2　　　　　　　　　　B）Form2. Show

C）Form2. Show 1　　　　　　　　　D）Form2. Show 2

【解析】　Show 方法的格式：

［窗体名.］Show［模式］

参数"模式"的取值可以为 1、0。当"模式"参数的值取 1 时,表示窗体是"模态型"窗体。只有在关闭该窗口后才能对其他窗口进行操作;而当"模式"参数的值取 0 时,表示窗体是"非模态型"窗体,允许在不关闭该窗体时操作其他窗口。因此正确答案是 C。

二、填空题

1. 为建立窗体的 Load 事件过程,即 Form_Load,应先在代码窗口的_____栏中选择 Form,然后在_____栏中选择 Load。

【解析】 代码窗口的顶部分左右两栏,左边是"对象"栏,右边是"过程"栏。在"对象"栏的下拉列表中可以选择窗体或控件的名称,在"过程"栏中可以选择事件的名称。所以为建立窗体的 Load 事件过程,应该在"对象"栏中选择 Form,然后在"过程"栏中选择Load。因此正确答案是 Form、过程。

2. 启动窗体在_____对话框中指定。

【解析】 启动窗体的设置可以通过执行"工程"菜单中的"工程属性"命令来完成。执行该命令后,将打开"工程属性"对话框,选择对话框中的"通用"选项卡后,单击"启动对象"栏右端的箭头,选择要设置启动窗体的名字,然后单击"确定"按钮,即可把所选择的窗体设置为启动窗体。因此正确答案是:工程属性。

3. 假定建立了一个工程,该工程包括两个窗体,其名称(Name 属性)分别为 Form1和 Form2,启动窗体为 Form1。在 Form1 画一个命令按钮 Command1,程序运行后,要求当单击该命令按钮时,Form1 窗体消失,显示窗体 Form2,请将程序补充完整。

```
Private Sub Command1_Click()
_____ Form1
Form2. _____
End Sub
```

【解析】 本题中,程序运行后,当单击该命令按钮时,Form1 窗体消失。能够使Form1 消失的方法有 Hide 和 Unload。格式分别为:［窗体名称.］Hide 和 Unload 窗体名称。本题中窗体名称在后面,所以应该填 Unload。要显示窗体 Form2,需要使用 Show方法。因此正确答案是:Unload、Show。

4. 在 Visual Basic 中,除了可以指定某个窗体作为启动对象之外,还可以指定_____作为启动对象。

【解析】 在一般情况下,整个应用程序从设计时的第一个窗体开始执行。如果工程中建立了 Sub Main 过程,则 Visual Basic 也允许将 Sub Main 设置为启动过程,让程序运行时首先执行 Sub Main 过程的代码。因此正确答案是:Sub Main。

5. 对于多窗体程序的保存,不仅要保存工程文件,而且各窗体均需要作为一个后缀名为_____的文件逐一保存。

【解析】 对于多窗体程序,不仅要保存工程文件,而且需要将各个窗体分别保存成后缀名为 frm 的窗体文件。因此正确答案是:frm。

7.2 自测练习题

一、选择题

1. 有两个窗体：要使其中第一个窗体中的第一个命令按钮来控制显示第二个窗体，第二个命令按钮用来结束程序的运行（两个按钮名称为 Command1 和 Command2）。则以下选项中，对这两个命令按钮编写的事件过程正确的是_____。

A)
```
Private Sub Command1_Click()
    Form2.Show 1
End Sub
Private Sub Command2_Click()
    End
End Sub
```

B)
```
Private Sub Command1_Click()
    Show 1
End Sub
Private Sub Command2_Click()
    End
End Sub
```

C)
```
Private Sub Command1_Click()
    Show 1
End Sub
Private Sub Command2_Click()
    End
End Sub
```

D)
```
Private Sub Command1_Click()
    Show 1. Form2
End Sub
Private Sub Command2_Click()
    End
End Sub
```

2. 以下叙述中错误的是_____。

A) 一个工程中可以包含多个窗体文件

B) 在一个窗体文件中用 Private 定义的通用过程能被其他窗体调用

C) 在设计 Visual Basic 程序时，窗体、标准模块、类模块等需要分别保存为不同类型的磁盘文件

D) 全局变量必须在标准模块中定义

3. 一个工程中包含两个名称分别为 Form1、Form2 的窗体，一个名称为 mdlFunc 的标准模块。假定在 Form1、Form2 和 mdlFunc 中分别建立了自定义过程，其定义格式为：

Form1 中定义的过程：

```
Private Sub frmfunction1()
End Sub
```

Form2 中定义的过程：

```
Public Sub frmffunction2()
End Sub
```

mdlFunc 中定义的过程：

```
PubliC Sub mdlFunction()
End Sub
```

在调用上述过程的程序中,如果不指明窗体或模块的名称,则以下叙述中正确的是_____。

A) 上述三个过程都可以在工程中的任何窗体或模块中被调用

B) frmfunction2 和 mdlfunction 过程能够在工程中各个窗体或模块中被调用

C) 上述三个过程都只能在各自被定义的模块中调用

D) 只有 mdlFunction 过程能够被工程中各个窗体或模块调用

4. 如果一个工程含有多个窗体及标准模块,则以下叙述中错误的是_____。

A) 如果工程中含有 Sub Main 过程,则程序一定首先执行该过程

B) 不能把标准模块设置为启动模块

C) 用 Hide 方法只是隐藏一个窗体,不能从内存中清除该窗体

D) 任何时刻最多只有一个窗体是活动窗体

5. 一个工程中含有窗体 Form1、Form2 和标准模块 Model1,如果在 Form1 中有语句 Pubilc X As Integer,在 Model1 中有语句 Pubilc Y As Integer,则以下叙述中正确的是_____。

A) 变量 X、Y 的作用域相同　　　　　B) Y 的作用域是 Model1

C) 在 Form1 中可以直接使用 X　　　　D) 在 Form2 中可以直接使用 X 和 Y

6. 在以下描述中正确的是_____。

A) 标准模块中的任何过程都可以在整个工程范围内被调用

B) 在一个窗体模块中可以调用在其他窗体中被定义为 Public 的通用过程

C) 如果工程中包含 Sub Main 过程,则程序将首先执行该过程

D) 如果工程中不包含 Sub Main 过程,则程序一定首先执行第一个建立的窗体

7. 以下关于多重窗体程序的叙述中,错误的是_____。

A) 用 Hide 方法不但可以隐藏窗体,而且能清除内存中的窗体

B) 在多重窗体程序中,各窗体的菜单是彼此独立的

C) 在多重窗体程序中,可以根据需要指定启动窗体

D) 对于多重窗体程序,需要单独保存每个窗体

8. 设一个工程由两个窗体组成,其名称分别为 Form1 和 Form2,在 Form1 上有一个名称为 Command1 的命令按钮。窗体 Form1 的程序代码如下:

```
Private Sub Command1_Click()
    Dim a As Integer
    a=10
    Call g(Form2,a)
End Sub
Private Sub g(f As Form,x As Integer)
    y=IIf(x>10,100,-100)
    f.Show
    f.Caption=y
```

```
End Sub
```

运行以上程序,正确的结果是_____。

A) Form1 的 Caption 属性值为 100   B) Form2 的 Caption 属性值为－100

C) Form1 的 Caption 属性值为－100   D) Form2 的 Caption 属性值为 100

9. 下列关于 Sub Main 过程的说法中正确的是_____。

A) 工程中的每个标准模块可以有一个 Sub Main 过程

B) 同一个工程中只能有一个 Sub Main 过程

C) Sub Main 过程一定是程序运行时首先被执行的过程

D) Sub Main 过程不能作为一个程序的启动对象,只有窗体才可以作为程序的启动对象

10. 以下叙述中错误的是_____。

A) 一个工程中可以包含多个窗体文件

B) 在一个窗体中用 Public 定义的通用过程不能被其他窗体调用

C) 窗体和标准模块需要分别保存为不同类型的磁盘文件

D) 用 Dim 定义的窗体层变量只能在该窗体中使用

二、填空题

1. 多窗体程序设计常用的方法有 Load、_____、Hide 和_____。

2. 在一个窗体的程序代码可以访问另一个窗体上的控件的属性,访问时控件名称前必须加上_____。

3. 执行多窗体应用程序时,允许同时_____多个窗体。

4. 窗体执行 Form1. Hide 语句,相当于将窗体的_____属性设为 False。

5. 在多重窗体中,关键字 Me 代表的是_____窗体。

6. Visual Basic 允许有多重应用窗体,但最多只允许有_____窗体。

7. 为了显示一个窗体,所使用的方法为_____。

8. _____语句和 Unload 语句的功能完全相反。

9. _____过程是标准模块中的一个特殊过程,主要用于控制应用程序的启动,除了它以外_____也可以作为启动对象。

10. 假设一个工程下有一个窗体的名称为 Form1,另一个窗体的名称为 Form2。对 Form2 窗体编写如下代码:

```
Private Sub Form_Click()
    Form1.Caption="主窗体"
    Form2.Caption="标题 1"
    Me.Caption="标题 2"
End Sub
```

程序运行后,窗体的标题为_____。

7.3 自测练习题参考答案

一、选择题

1	2	3	4	5	6	7	8	9	10
A	B	D	A	C	B	A	B	B	B

二、填空题

1. Unload、Show
2. 所在窗体的名称
3. 打开
4. Visible
5. 当前
6. 255
7. Show
8. Load
9. Sub Main、窗体
10. 标题 2

第 8 章　数据文件

8.1　例题解析

一、选择题

1. 下面_____不是 Visual Basic 的数据文件。

A) 顺序文件　　　　B) 随机文件　　　C) 二进制文件　　　D) 数据库文件

【解析】　本题考查的是文件的分类。根据文件中数据的内容,可将文件分为程序文件和数据文件。根据文件中数据的存取方式和结构,可将文件分为顺序文件和随机文件。根据文件中的数据的编码方式,可以分为 ASCII 文件和二进制文件。因此,数据库文件不是 Visual Basic 的数据文件。因此正确答案是 D。

2. 设有语句 open "c:\Test.Dat" For OutPut As ♯1,则以下错误的叙述是_____。

A) 该语句打开 C 盘根目录下一个已存在的文件 Test.Dat

B) 该语句在 C 盘根目录下建立一个名为 Test.Dat 的文件

C) 该语句建立的文件的文件号为 1

D) 执行该语句后,就可以通过 Print♯ 语句向文件 Test.Dat 中写入信息

【解析】　本题涉及的知识点有顺序文件的打开方式和顺序文件的写入操作。Output:将数据从内存写入磁盘文件中,即对文件进行写操作。此时如果文件存在,则被覆盖;如果文件不存在,则表示建立该文件。因此 B、C 是正确的。顺序文件的写入操作用 Print♯ 或 Write♯ 语句来写数据。因此 D 是正确的。对于 A,如果 C 盘已经有 Test.Dat 文件,执行 open "c:\Test.Dat" For OutPut As ♯1 语句后,原有的文件会被覆盖,而不会将 C 盘根目录下一个已存在的文件 Test.Dat 打开。因此正确答案是 A。

3. 执行语句 Open " data.txt " For Random As ♯1 Len=50 后,对文件 Tel.dat 中的数据能够执行的操作是_____。

A) 只能写,不能读　　　　　　　B) 只能读,不能写

C) 既可以读,也可以写　　　　　D) 不能读,不能写

【解析】　本题涉及的知识点是随机文件的打开和读写操作。语句 Open " data.txt"

For Random As #1 Len=50 表示以随机读写方式打开数据文件 data. txt 文件,记录长度定为 50,文件号为 1。随机文件的随机文件打开后,既可以进行写操作,也可以进行读操作。因此正确答案是 C。

4. 如果准备向随机文件中写人数据,正确的语句是_____。

A) Print #1,rec   B) write #1,rec

C) put #1,rec   D) Get #1,rec

【解析】 本题涉及的知识点是随机文件的读写操作。随机文件的写操作格式为:
Put #文件号,[记录号],变量。因此正确答案是 C。

5. 设在工程中有一个标准模块,其中定义了如下记录类型:

```
Type Books
Name As String * 10
TelNum As String * 20
End Type
```

在窗体上画一个名为 Command1 的命令按钮。要求当执行事件过程 Command1_Click 时,在顺序文件 Person. txt 中写入一条记录。下列能够完成该操作的事件过程是_____。

A)

```
Private Sub Command1_Click()
Dim B As Books
Open "c:\Person.txt"For Output As #1
B.Name=InputBox("输入姓名")
B.TelNum=InputBox("输入电话号码")
Write #1,B.Name,B.TelNum
Close #1
End Sub
```

B)

```
Private Sub Command1_Click()
Dim B As Books
Open "c:\Person.txt"For Input As #1
B.Name=InputBox("输入姓名")
B.TelNum=InputBox("输入电话号码")
Print #1,B.Name,B.TelNum
Close #1
End Sub
```

C)

```
Private Sub Command1_Click()
Dim B As Books
Open "c:\Person.txt"For Output As #1
B.Name=InputBox("输入姓名")
B.TelNum=InputBox("输入电话号码")
Write #2,B
Close #1
End Sub
```

D)

```
Private Sub Command1_Click()
Open "c:\Person.txt"For Input As #1
Name=InputBox("输入姓名")
TelNum=InputBox("输入电话号码")
Print #1,Name,TelNum
Close #1
End Sub
```

【解析】 本题涉及的知识点是顺序文件的打开和写操作。打开顺序文件并等待写入文件内容的格式:

Open 文件名 For output As [#]文件号

顺序文件写操作的格式为：

Print #文件号,表达式表或 Write #文件号,表达式表

因此正确答案是 A。

6. 如果准备读文件,打开顺序文件"text.dat"的正确语句是_____。

A) Open "text.dat"For Write As #1

B) Open "text.dat"For Binary As #1

C) Open "text.dat"For Input As #1

D) Open "text.dat"For Random As #1

【解析】 本题涉及的知识点是顺序文件的读操作。打开顺序文件并读文件内容的格式：

Open 文件名 For input As [#]文件号

因此正确答案是 C。

7. 目录列表框的 Path 属性的作用是_____。

A) 显示当前驱动器或指定驱动器上的目录结构

B) 显示当前驱动器或指定驱动器上的某目录下的文件名

C) 显示根目录下的文件名

D) 显示该路径下的文件

【解析】 目录列表框的 Path 属性用来设置或返回当前驱动器上的路径。因此正确答案是 A。

8. 窗体上有两个名称分别为 Text1、Text2 的文本框,一个名称为 Command1,标题为保存的命令按钮。设有如下的类型声明：

```
Type Person
name As String * 8
major As String * 20
End Type
```

当单击"保存"按钮时,将两个文本框中的内容写入一个随机文件 Test. dat 中。设文本框中的数据已正确地赋值给 Person 类型的变量 p。则能够正确地把数据写入文件的程序段是_____。

A)

```
Open "c:\Test.dat" For Random As#1
Put #1,1,p
Close #1
```

B)

```
Open "c:\Test.dat" For Random As #1
Get #1,1,p
Close #1
```

C)

```
open "c\Test.dat" For Random As #1 Le=Len(p)
Put #1,1,p
Close #1
```

D)·

```
Open "c:\Test.dat " For Random As #1=Len(p)
Get #1,1,p
Close #1
```

【解析】 本题涉及的知识点是将数据写入随机文件的操作。随机文件的写操作的格式为：

```
Put # 文件号,[记录号],变量
```

因此正确答案是 C。

9. File1. Pattern＝"＊. bat"程序代码执行后,会显示的文件是_____。

A) 只包含扩展文件名为"＊. bat"的文件

B) 第一个 bat 文件

C) 包含所有的文件

D) 磁盘的路径

【解析】 本题涉及的知识点是文件列表框的属性。文件列表框的 Pattern 属性用来设置在执行时允许显示的文件类型。该属性可以在设计阶段设置,也可以使用程序代码设置。格式为：

```
文件列表框名.Pattern[=属性值]
```

因此正确答案是 A。

10. 如果 A＄＝"Beijing",B＄＝"Sichuan",C＄＝"Cheng Du",则执行语句 Print ＃1,A＄;B＄;C＄后,写到磁盘上的信息为_____。

A) Beijing,SiChuan,ChengDu   B) Cheng Du,Sichuan,eijing

C) Beijing Cheng Du Sichuan   D) Beijing SiChuan Cheng Du

【解析】 本题涉及的知识点是顺序文件的写操作。顺序文件的写操作格式为：

```
Print #文件号,[表达式表][;|,]
```

Print ＃语句将字符串数据写入文件时,如果用分号分隔数据,数据紧凑格式显示,如果用逗号分隔数据,则数据标准格式显示,与 Print 语句相同。本题是用分号分隔的,是紧凑格式的显示。因此正确答案是 D。

二、填空题

1. Visual Basic 提供的对数据文件访问的三种访问方式为随机访问方式、_____和二进制访问方式。

【解析】 对数据文件访问的方式有三种：随机访问方式、顺序访问方式和二进制访问方式。因此正确答案是：顺序访问方式。

2. 要将程序处理结果写入到顺序文件 Abc. txt 中的末尾,则可用_____方式打开文件。

【解析】 顺序文件打开时,打开文件格式为:

Open 文件名　For 模式 As　［#］文件号

模式选用 Append,将数据追加到文件的尾部,文件中原来的内容继续保留。所以正确答案应该为：Append。

3. 若要求得打开的 1 号文件的长度,应该使用函数_____来获得。

【解析】 LOF 函数将返回文件的长度,单位是字节。如果返回值是 0,表示该文件是一个空文件。因此正确答案是：LOF。

4. 在窗体上画一个驱动器列表框、一个目录列表框和一个文件列表框,其名称分别为 Drive1、Dir1 和 File1,为了使它们同步操作,必须触发_____事件。

【解析】 对于驱动器列表框,改变驱动器列表框的 Drive 属性,会引发 Change 事件。对于目录列表框,改变目录列表框的 Path 属性,会引发 Change 事件。因此正确答案是：Change。

5. 在窗体上画一个命令按钮和一个文本框,其名称为 Command1 和 Text1,然后编写如下事件过程：

```
Private Sub command1_click()
    Dim inData As String
    Text1.Text=""
    Open "d:\myfile.txt" For _____ As #1
    Do While _____
        Input #1, .inData
        Text1.Text=Text1.Text+inData
    Loop
    Close
End Sub
```

程序的功能是,打开 D 盘根目录下的文本文件 myfile. txt,读取它的全部内容并显示在文本框中。请填空。

【解析】 对顺序文件的打开,需要使用 Open 语句,格式如下:

Open 文件名　For 模式　As　［#］文件号

模式选用 Input,将文件中的数据读入到计算机的内存中,即对文件进行读操作。程序中使用"Input ＃1, inData"语句读出数据块,需要使用 EOF 函数判断是否读到文件的尾部。因此正确答案是：Input、Not EOF(1)。

8.2 自测练习题

一、选择题

1. 以下叙述中正确的是_____。
A）一个记录中所包含的各个元素的数据类型必须相同
B）随机文件中每个记录的长度是固定的
C）Open 命令的作用是打开一个已经存在的文件
D）使用 Input ♯语句可以从随机文件中读取数据

2. 在窗体上画一个名称为 Drive1 的驱动器列表框，一个名称为 Dir1 的目录列表框，一个名称为 File1 的文件列表框，两个名称分别为 Label1、Label2，标题分别为空白和"共有文件"的标签。编写程序，使得驱动器列表框与目录列表框、目录列表框与文件列表框同步变化，并且在标签 Label1 中显示当前文件夹中文件的数量。能够正确实现上述功能的程序是_____。

A)
```
Private Sub Dir1_Change()
    File1.Path=Dir1.path
End Sub
Private Sub Drive1_Change()
    Dir1.Path=Drive1.Drive
    Label1.Caption=File1.listCount
End Sub
```

B)
```
Private Sub Dir1_Change()
    File1.path=dir1.Path
End Sub
Private Sub Drive1_Change()
    Dir1.Path=Drive1.Drive
    Label1.Captlon=file1.list
End Sub
```

C)
```
Private Sub Dir1_Change()
    File1.Path=Dir1.Path
    Label1.Caption=File1.ListCount
End Sub
Private Sub Drive1_Change()
    Dir1.Path=Drive1.Drive
    Label1.Caption=File1.ListCount
End Sub
```

D)
```
Private SubDir1_Change()
    file1.Path=Dir1.Path
    Label1.Caption＝File1.List
End Sub
Private Sub Drive1_Change()
    Dir1.Path=Drive1.Drive
    Label1.Caption=File1.list
End Sub
```

3. 以下能判断是否到达文件尾的函数是_____。
A）BOF   B）LOC   C）LOF   D）EOF

4. 在窗体上画一个名称为 Drive1 的驱动器列表框，一个名称为 Dir1 的目录列表框。当改变当前驱动器时，目录列表框应该与之同步改变。设置两个控件同步的命令放在一个事件过程中，这个事件过程是_____。
A）Drive1_Change   B）Drive1_Click   C）Dir1_Click   D）Dir1_Change

5. 假定在窗体（名称为 Form1）的代码窗口中定义如下记录类型：

```
Private Type animal
    AnimalName As String * 20
    AColor As String * 10
End Type
```

在窗体上画一个名称为 Command1 的命令按钮,然后编写如下事件过程:

```
Private Sub Command1_Click()
    Dim rec As animal
    Open "c:\vbTest.dat" For Random As # 1 Len=Len(rec)
    rec.animalName= "Cat"
    rec.aColor= "White"
    Put #1, , rec
    Close #1
End Sub
```

则以下叙述中正确的是_____。

A) 记录类型 animal 不能在 Form1 中定义,必须在标准模块中定义

B) 如果文件 c:\vbTest.dat 不存在,则 Open 命令执行失败

C) 由于 Put 命令中没有指明记录号,因此每次都把记录写到文件的末尾

D) 语句 Put ♯1,, rec 将 animal 类型的两个数据元素写到文件中

6. 以下关于文件的叙述中,错误的是_____。

A) 顺序文件中的记录一个接一个地顺序存放

B) 随机文件中记录的长度是随机的

C) 执行打开文件的命令后,自动生成一个文件指针

D) LOF 函数返回给文件分配的字节数

7. 以下关于文件的叙述中,错误的是_____。

A) 使用 Append 方式打开文件时,文件指针被定位于文件尾

B) 当以输入方式(Input)打开文件时,如果文件不存在,则建立一个新文件

C) 顺序文件各记录的长度可以不同

D) 随机文件打开后,既可以进行读操作,也可以进行写操作

8. 以下叙述中错误的是_____。

A) 顺序文件中的数据只能按顺序读写

B) 对同一个文件,可以用不同的方式和不同的文件号打开

C) 执行 Close 语句,可将文件缓冲区中的数据写到文件中

D) 随机文件中各记录的长度是随机的

9. 以下关于顺序文件的叙述正确的一项是_____。

A) 文件中各记录的写入顺序和读出顺序是一致的

B) 使用不同的文件号可以以不同的读写方式打开同一文件

C) 向文件中写记录的语句有 Input,Line Input 等

D) 用 Append 方式打开文件时,既可以在文件末尾添加记录,也可以读取原有记录

10. 为了使目录路径列表框 Dir1 的内容符合驱动器列表框 Drive1 的选择,应

当_____。

A) 在 Dir1_Click 事件中加入代码 Dir1. Path＝Drive1. Drive

B) 在 Drive1_Click 事件中加入代码 Dir1. Path＝Drive1. Drive

C) 在 Dir1_Click 事件中加入代码 Drive1. Path＝Dir1. Path

D) 在 Drive1_Click 事件中加入代码 Drive1. Path＝Dir1. Path

11. 要使文件列表框 File1 中只显示文件后缀名为 bmp 和 jpg 的图片文件,以下_____语句是对的。

A) File1. Pattem＝"＊. bmp| ＊.jpg"

B) File1. Pattem＝"图片文件"

C) File1. Pattem＝"＊. bmp; ＊. jpg"

D) File1. Pattem＝"图片文件| ＊. bmp; ＊. jpg"

12. 可以显示当前目录中文件列表的控件是_____。

A) FileListBox   B) DirListBox

C) DriveListBox   D) ListBox

13. 为了使 drive1 驱动器列表框、dir1 目录路径列表框和 file1 文件列表框能同步协调工作,需要在_____。

A) drivel 的 Change 事件过程中加入 dir1. Path＝drive1. Drive,在 dir1 的 Change 事件过程中加入 file1. Path＝dir1. Path 代码

B) drive1 的 Change 事件过程中加入 drive1. Drive＝dir1. Path,在 dir1 的 Change 事件中加入 dir1. Path＝file1. Path 代码

C) 在 dir1 的 Change 事件过程中加入 dir1. Path：drive1. Drive,在 file1 的 Click 事件过程中加入 file1. Path＝file1. FileName 代码

D) 在 dir1 的 Change 事件过程中加入 dir1. Path：drive1. Drive 在 file1 的 Click 事件过程中加入 file1. Path＝dir1. Path 代码

14. 为了建立一个随机文件,其中每一条记录由多个不同数据类型的数据项组成,应使用_____。

A) 记录类型   B) 变体类型   C) 数组   D) 字符串类型

15. 下面不是 Visual Basic 提供的访问模式的是_____。

A) 顺序访问模式   B) 随机访问模式

C) 二进制访问模式   D) 动态访问模型

16. 设有语句:Open"d:\Test. txt"For Output As#1,以下叙述中错误的是_____。

A) 若 d 盘根目录下无 Test. txt 文件,则该语句创建此文件

B) 用该语句建立的文件的文件名为 1

C) 该语句打开 d 盘根目录下一个已经存在的文件 Test. txt,之后就可以从文件中读取信息

D) 执行该语句后,就可以通过 Print＃语句向文件 Test. txt 中写入信息

17. 在用 Open 语句打开文件时,如果省略"For 方式",则打开的文件的存取方式是_____。

A) 顺序输入方式   B) 顺序输出方式

C) 随机存取方式   D) 二进制方式

18. 在 Visual Basic 中,数据的处理单位是_____。

A) 记录   B) 字符   C) 字段   D) 文件

19. 下面能正确表示用随机方式打开 C 盘上 abc 目录下的 jilu. dat 文件,且记录长度为 128 字节的语句是_____。

A) Open"c:\abc\jilu. dat"For Input As ♯1 Len=128

B) Open"c:\abc\jilu. dat"For Output As ♯1 Len=128

C) Open"c:\abc\jilu. dat"For Random As ♯1 Len=128

D) Open"c:\abc\jilu. dat"For Random Len=128

20. 如果要显示 D:\ 下的目录结构,则应设置的语句为_____。

A) Dir1. Path="D:\"   B) Dir/="D:\"

C) Dri/. Path=D:\   D) Dir\=D:\

二、填空题

1. 如果要新建一个顺序文件,用 Open 语句时,操作方式关键词是_____。

2. 要将程序处理结果写入到顺序文件 Abc. txt 中的末尾,则可用_____方式打开文件。

3. 设置文件列表框的显示模式的属性为_____,要使文件列表框中显示扩展名为 txt 文件,可设置该属性为_____。

4. 顺序文件通过_____语句或_____语句把缓冲区中的数据写入磁盘,但只有在满足三个条件之一时才写盘,这 3 个条件是关闭文件、缓冲区已满和_____。

5. 在 Visual Basic 中,顺序文件的读操作通过 Input ♯ 语句、Line Input ♯ 语句或 Input ＄ 函数实现。随机文件的读写操作通过_____和_____语句实现。

6. 将文本文件的内容读入变量中,可使用按_____读、按_____读和_____三种方法。

7. LOF 函数的功能是返回某文件的字节数,LOF(2)是返回_____。EOF 函数将返回一个表示_____。

8. 将文本文件 text2. txt 合并到另一个文本文件 text1. txt 的程序代码如下:

```
Private Sub Command1_click()
  Dim s$
  Open _____ For _____ As #1
  Open _____ For _____ As #2
  Do While Not Eof(2)
    Line Input #2,s
    Print _____,s
  Loop
  Close #1,#2
End Sub
```

9. 建立了某个有若干条记录的文件名为 e:\ks.dat 的随机文件,定义记录类型如下:

```
Private Type StudentType
    No As Integer
    StrName As String * 20
    Mark(1 To 4) As Single
    Total As Single
End Type
```

要读出记录号为 10 的那条记录,显示在窗体上,然后将第三门功课加 2 分,再写入原记录位置,再读出,显示修改成功与否。

```
Private Sub Command1_click()
    Dim s As StudentType, _____
    Open " e:\ks.dat " For _____

    _____
    Print s.No,s.str Name,s.Mark(1),s.Mark(2),s.Mark(3),s.Mark(4)

    Put #2,10,s

    _____
    Print S1.No,S1.str Name,S1.Mark(1),S1.Mark(2),S1.Mark(3),S1.Mark(4)
    Close #2
End Sub
```

10. 以下程序的功能是:把当前目录下的顺序文件 smtext1.txt 的内容读入内存,并在文本框 Text1 中显示出来。请填空。

```
Private Sub Command1_Click()
Dim inData As String
Text1.Text=""
Open ".\smtext1.txt" _____ As #1
Do While _____
    Input #1, inData
    Text1.Text=Text1.Text & inData
Loop
Close #1
End Sub
```

8.3　自测练习题参考答案

一、选择题

1	2	3	4	5	6	7	8	9	10
B	C	D	A	B	B	B	D	A	B

11	12	13	14	15	16	17	18	19	20
C	A	A	A	D	C	C	A	C	A

二、填空题

1. Output

2. Append

3. Pattern、＊.txt

4. Print＃、write＃、缓冲区未满

5. Put、Get

6. 字符、行、整个文件一次读入

7. ＃2 文件的长度、文件指针是否达到文件末尾的值

8. "text1.txt"　　Append　　"text2.txt"　　Input　　＃1

9. S1 As StudentType　　Random As ＃2　　Get＃2,10,s

    s.mark(3)＝S.mark(3)＋2　　Get＃2,10,s1

10. For Input　　Not EOF(1)

第 9 章 菜单程序设计

9.1 例 题 解 析

一、选择题

1. 以下叙述中错误的是_____。

A）菜单分为下拉式菜单与弹出式菜单

B）弹出式菜单由单击鼠标右键调出

C）弹出式菜单内列出了与鼠标单击对象相关的常用命令

D）应用程序菜单必须包括程序的所有功能

【解析】 菜单是标准图形界面应用程序的组成部分，它按功能将应用程序的各个操作排列在不同菜单列表内。菜单分为下拉式菜单与弹出式菜单，弹出式菜单由单击鼠标右键调出，并列出了与鼠标单击对象相关的常用命令，但是菜单并不必须包含程序的所有功能。因此正确答案是 D。

2. 以下叙述中正确的是_____。

A）菜单与菜单项是两种完全不同的对象

B）只有菜单项可以设置快速访问键，而菜单没有

C）菜单与菜单项都可以添加"单击"事件过程

D）弹出式菜单不在菜单编辑器中定义

【解析】 在 Visual Basic 中，菜单与菜单项都是菜单对象，在菜单编辑器内制作编辑。只不过菜单作为容器包含其下的菜单项列表。菜单与菜单项都可以设置快速访问键，也都可以添加"单击"事件过程，通常人们不为菜单设置"单击"事件。弹出式菜单的定义编辑也是在菜单编辑器内完成的。因此正确答案是 C。

3. 以下叙述中错误的是_____。

A）在同一窗体的菜单项中，不允许出现标题相同的菜单项

B）在菜单的标题栏中，"&"所引导的字母指明了访问该菜单项的访问键

C）程序运行过程中，可以重新设置菜单的 Visible 属性

D）弹出式菜单也在菜单编辑器中定义

【解析】 在同一个窗体的菜单项中,菜单项的名称不能相同,但菜单项的标题并没有限制,选项 A 的叙述是错误的。因此正确答案是 A。

4. 以下叙述中正确的是_____。
A) 菜单/菜单项的快速访问键与快捷键是同一个概念
B) 菜单与菜单项都可以添加快速访问键与快捷键
C) 快捷键可以依程序员喜好随意设置
D) 只有菜单项可以添加快捷键

【解析】 在 Visual Basic 菜单编辑器内可以为菜单或菜单项添加快速访问键,也可以为菜单项添加快捷键,为菜单添加快捷键程序会报错。菜单项的快捷键只能在菜单编辑器内选择,通常包含 Ctrl 键或 Shift 键,不能有程序元随意设置。程序运行时,按下菜单项的快捷键将省去用户选择菜单而直接执行该命令。而快速访问键实现了用户利用键盘(替代鼠标)选择菜单或菜单项。因此正确答案是 D。

5. 为了给菜单对象 mnuColor 添加快速访问键 C,需要将其标题属性设置为_____。
A) mnuColor($ C)   B) mnuColor(* C)
C) mnuColor(C)   D) mnuColor(&C)

【解析】 菜单控件的标题中,通过添加格式为"&＋英文字母"的文本可以为菜单设置快速访问键,以方便用户使用键盘操作菜单命令。因此正确答案是 D。

6. 下面列出的菜单对象的快捷键中,_____是合法的。
A) Ctrl＋T   B) Shift＋T   D) Alt＋T   C) Shift＋Ctrl＋T

【解析】 菜单命令的快捷键可以在菜单编辑器内选择,其形式为以下几种:Ctrl＋英文字母、功能键(F1~F12)、Ctrl＋功能键(F1~F12)、Shift＋功能键(F1~F12)、Shift＋Ctrl＋功能键(F1~F12)等。因此正确答案是 A。

7. 设在菜单编辑器中定义了一个菜单项,名为 menu1。为了在运行时隐藏该菜单项,应使用的语句是_____。
A) menu1. Enabled＝True   B) Munu1. Enabled＝False
C) Menu1. Visible＝True   D) Menu1. Visible＝False

【解析】 控制对象的可见或不可见,应用的属性是 Visible,对于菜单对象也是同样的。因此正确答案是 D。

8. 如果要在菜单中添加一个分隔线,则应将其 Caption 属性设置为_____。
A) ＝   B) *   C) &   D) －

【解析】 当菜单项的标题(Caption)属性为减号(－)时,其显示效果为一个分隔线。因此正确答案是 D。

9. 以下叙述中错误的是_____。
A) 下拉式菜单和弹出式菜单都用菜单编辑器建立
B) 在多窗体程序中,每个窗体都可以建立自己的菜单系统
C) 除分隔线外,所有菜单项都能接收 Click 事件
D) 如果把一个菜单项的 Enabled 属性设置为 False,则该菜单项不可见

【解析】 Visual Basic 窗体的菜单或菜单项,无论是下拉式菜单还是弹出式菜单,都是通过菜单编辑器建立的,因此 A 的叙述是正确的。菜单与菜单项除了分隔符以外都能接受 Click 事件,因此 C 的叙述是正确的。与其他很多对象一样,菜单项的可见与否可以通过其 Visible 属性设置,因此 D 的叙述是正确的。对于带有主子窗体的多窗体程序,只有主窗体能够有自己的菜单,而文档窗体不能添加菜单,因此 B 的叙述错误。因此正确答案是 B。

10. 给菜单或菜单命令添加快速访问键时,需要在相应字母前面加上符号_____。

    A) *   B) ♯   C) &   D) @

【解析】 在菜单项的标题中通过加入 & ＋"英文字符"的形式为菜单项设置快捷方式键,因此正确答案是 C。

11. 设计时弹出式菜单的 Visible 属性设置为_____,程序运行时,使用鼠标右键单击相关对象将弹出该菜单。

    A) True   B) False   C) PopupMenu   D) Popup

【解析】 弹出式菜单在设计时,其 Visible 属性设置为 False。程序运行时,使用窗体的 PopupMenu 方法调出弹出式菜单。因此正确答案是 B。

12. 以下程序代码能够正确弹出菜单 mnuColor 的语句是_____。

    A) form. PopupMenu mnuShape   B) PopupMenu mnuShape

    C) mnuShape. PopupMenu   D) mnuShape. Show

【解析】 通过程序代码执行窗体的 PopupMenu 方法可以调出弹出式菜单,其语法格式为:

<窗体名>. PopupMenu <菜单名>

其中窗体名可以用 me 表示,也可以省略,如 PopupMenu mnuShape。因此正确答案是 B。

13. 下列选项中,可以作为菜单命令快捷键的是_____。

    A) Shift＋A   B) Ctrl＋A   C) Alt＋A   D) &A

【解析】 菜单命令的快捷键可以是 Ctrl＋字母、功能键、Ctrl＋功能键、Shift＋功能键,以及其他某些按键的组合。因此正确答案是 B。

14. 利用菜单控件数组,可以在程序中动态地添加、删除菜单项。添加菜单控件的方法是_____。

    A) Load 语句   B) AddItem 方法

    C) 更改菜单控件数组元素的下标值   D) PopupMenu 方法

【解析】 与动态添加其他控件的方法一样,使用 Load 语句可以在程序执行时添加对象。因此正确答案是 A。

15. 在某一个窗体的各个菜单对象中,_____属性不能重复。

    A) Index   B) Caption   C) Name   D) Checked

【解析】 Index 属性是对象数组元素的下标值,对于不同的对象数组,其值可以重复;Caption 属性表示对象的标题文本,Visual Basic 程序不做限制,可以重复;在同一个窗体内的各个对象名称都不能重复,因此同一个窗体内的菜单对象名称不能重复;Checked 属性表示菜单对象的文本前是否添加选择标记,可以重复。因此正确答案是 C。

二、填空题

1. 位于菜单栏的各个下拉式菜单被称为_____。

【解析】 "菜单"指的是单击能打开菜单项列表的对象,列于窗体菜单栏内的菜单通常被称为"主菜单"。因此正确答案是:主菜单。

2. 通过_____,应用程序用户可以通过键盘来打开各个菜单,或执行菜单列表的菜单命令。

【解析】 在设计菜单时,可以给菜单或菜单命令添加快速访问键,快速访问键被标记到菜单控件的"标题"文本内,用以 & 符号开头的英文字母表示。其目的是使用户利用键盘操作菜单命令。因此正确答案是:快速访问键。

3. 在菜单编辑器中建立了一个菜单,名为 Pmenu,用下面的语句可以把它作为弹出式菜单弹出,请将程序补全。

```
Form1._____  Pmenu
```

【解析】 通过执行窗体的 PopupMenu 方法,可以弹出窗体内的菜单,所以在程序的空格处应该填入 PopupMenu。因此正确答案是:PopupMenu。

4. 要打开"菜单编辑器",必须首先选择需要添加菜单的_____。如果当前焦点在代码窗口内,"工具"菜单下的"菜单编辑器"菜单项将不可用。

【解析】 可以单击"工具"→"菜单编辑器"命令打开 Visual Basic 菜单编辑器。但注意在执行前面操作时,需要首先选中需要添加菜单的窗体对象。假如用户当前在代码窗口内,则"工具"→"菜单编辑器"命令不可选。因此正确答案是:窗体对象。

5. 菜单编辑器的菜单列表框内,与列表框中左侧靠齐的菜单控件作为_____,其标题直接显示在菜单栏中。

【解析】 在菜单编辑器的菜单列表框内列出了各个菜单控件。列表框中那些标题文字的横向位置决定了菜单控件是主菜单、子菜单或菜单命令。菜单控件标题与菜单编辑器左侧靠齐的菜单对象是主菜单,如图 1-9-1 所示的"字体"、"字号"、"颜色"菜单控件。菜单控件下向右缩进排列的菜单对象是该菜单内的菜单项列表,"宋体"、"黑体"、"楷体"、"隶书"等菜单对象将被列在"字体"菜单打开的菜单列表内。因此正确答案是:主菜单。

6. 菜单控件的有效属性与复选属性既可以在窗体的设计阶段通过菜单编辑器设置、在 Visual Basic 6.0 开发环境的_____内设置,也可以在程序运行中使用语句来改变。

【解析】 菜单控件的有效属性与复选属性可以在菜单编辑器内设置,也可以与其他控件一样在 Visual Basic 6.0 开发环境的属性窗口内设置,还可以在程序运行中改变菜单控件的 Enabled 属性与 Checked 属性来改变。因此正确答案是:属性窗口。

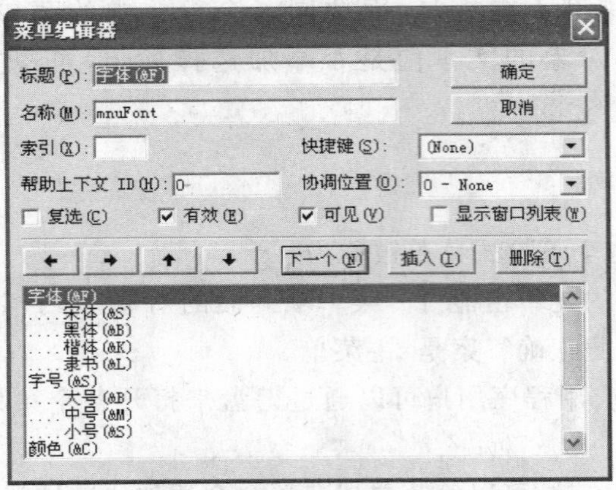

图 1-9-1 "菜单编辑器"对话框

7. 在菜单编辑器中建立了一个菜单,其主菜单项的名称为 mnuEdit,Visible 属性为 False,程序运行后,如果用鼠标右键单击窗体,则弹出与 mnuEdit 相应的菜单。以下是实现上述功能的程序,请填空。

```
Private Sub Form _____ (Button As Integer, Shift As Integer, X
As Single, Y As Single)
If Button=2 Then
_____ mnuEdit
End If
End Sub
```

【解析】 弹出式菜单是通过在某对象上单击鼠标右键调出的,与其相关的鼠标事件有 MouseUp 事件与 MouseDown 事件。如果将调出菜单的操作添加到 MouseDown 事件中,在按下鼠标时弹出菜单。多数情况下菜单是在抬起鼠标右键打开的,所以第一个空填入_MouseUp。窗体的 PopupMenu 方法谈出菜单,通常窗体名可以省略,所以第二个空可以直接填入 PopupMenu。因此正确答案是:_MouseUp、PopupMenu。

8. 菜单通常分为_____式菜单与_____式菜单。

【解析】 菜单分为下拉式菜单与弹出式菜单两种。因此正确答案是:下拉、弹出。

9. 单击菜单命令后,程序执行的事件是_____。

【解析】 单击菜单打开菜单列表,单击列表中的菜单命令,程序执行被单击菜单项的 Click 事件,因此菜单项的程序段应添加到该菜单项的 Click 事件中。尽管菜单也可以有自己的 Click 事件,但通常不为菜单添加 Click 事件。因此正确答案是:Click 事件。

10. 有的菜单项右侧带有一个_____标记,该菜单项打开一个子菜单,这样的菜单项被称为子菜单。

【解析】 通常,在主菜单列表内的子菜单文本的右侧会标记一个实心右三角,以表示选择该项将打开下级菜单。因此正确答案是:实心右三角。

9.2 自测练习题

一、选择题

1. 以下叙述中错误的是_____。

A) Visual Basic 窗体的菜单与菜单项都是菜单对象

B) 菜单分为下拉式菜单与弹出式菜单

C) 弹出式菜单由单击鼠标右键调出

D) 弹出式菜单不在菜单编辑器中定义

2. 以下叙述中正确的是_____。

A) 应用程序菜单必须包括应用程序的所有功能

B) 菜单与菜单项是两种完全不同的对象

C) 菜单与菜单项都可以添加快速访问键与快捷键

D) 只有菜单项可以添加快捷键

3. 以下叙述中错误的是_____。

A) 弹出式菜单内列出了与鼠标单击对象相关的常用命令

B) Visual Basic 通过菜单编辑器编辑菜单

C) 菜单与菜单项都可以添加"单击"事件过程

D) 菜单/菜单项的快速访问键与快捷键是同一个概念

4. 以下叙述中正确的是_____。

A) 只有菜单项可以设置快速访问键,而菜单没有

B) 快捷键可以依程序员喜好随意设置

C) 菜单是一个容器,其中包括了菜单命令和子菜单

D) 菜单对象的属性只能在菜单编辑器内修改

5. 以下叙述中错误的是_____。

A) 用菜单标题文本"-"表示菜单中的分隔符

B) 只有在程序设计模式下,选中相应窗体后,才能打开菜单编辑器

C) 与其他对象一样,菜单对象也有单击事件过程、双击事件过程、得到焦点与失去焦点事件过程以及其他鼠标键盘事件过程等等

D) 菜单与菜单项都可以添加"单击"事件过程

6. 以下叙述中正确的是_____。

A) 菜单与菜单项都可以添加"单击"事件过程

B) 菜单项的 Enabled 属性如果设置为 False,则该菜单项将从菜单内隐藏掉

C) 使用菜单的 PopumMenu 方法可以调出弹出式菜单

D) 菜单对象只能在菜单编辑器内编辑,不可以在程序中动态添加或删除

7. 为了给菜单对象 mnuColor 添加快速访问键 C,需要将其标题属性设置

为_____。

A）颜色（＄C）   B）mnuColor(C)

C）mnuColor(C̲)   D）颜色(&̲C)

8．下面列出的菜单对象的快捷键中，_____是合法的。

A）Ctrl＋T   B）Shift＋T

C）Shift＋Ctrl＋T   D）Alt＋T

9．以下叙述中错误的是_____。

A）无论是菜单还是菜单项，在 Visual Basic 中都用菜单对象来表示

B）用户可以通过菜单编辑器来建立、修改、删除菜单控件

C）不可以通过属性窗口设置菜单控件的属性

D）菜单对象只响应唯一的单击事件

10．在某窗体的 mnuColor 菜单下包含 mnuRed、mnuGreen、mnuYellow 和 mnuBlack 四个菜单命令，作用是使 lblHello 标签文字改变颜色。下面的程序段正确的是_____。

A)

```
Private Sub mnuColor_Click()
  If mnuRed then
    lblHello.ForeColor=vbRed
  elseif mnuGreen then
    lblHello.ForeColor=vbGreen
  elseif mnuYellow then
    lblHello.ForeColor=vbYellow
  else
    lblHello.ForeColor=vbBlack
  EndIf
End Sub
```

B)

```
Private Sub mnuRed_Click()
    lblHello.ForeColor=vbRed
End Sub
Private Sub mnuGreen_Click()
    lblHello.ForeColor=vbGreen
End Sub
Private Sub mnuYellow_Click()
    lblHello.ForeColor=vbYellow
End Sub
Private Sub mnuBlack_Click()
    lblHello.ForeColor=vbBlack
End Sub
```

C)

```
Private Sub mnuRed_MouseDown()
    lblHello.ForeColor=vbRed
End Sub
Private Sub mnuGreen_MouseDown()
    lblHello.ForeColor=vbGreen
End Sub
Private Sub mnuYellow_MouseDown()
    lblHello.ForeColor=vbYellow
End Sub
Private Sub mnuBlack_MouseDown()
    lblHello.ForeColor=vbBlack
End Sub
```

D)

```
Private Sub mnuColor_MouseDown()
  If mnuRed then
    lblHello.ForeColor=vbRed
  elseif mnuGreen then
    lblHello.ForeColor=vbGreen
  elseif mnuYellow then
    lblHello.ForeColor=vbYellow
  else
    lblHello.ForeColor=vbBlack
  EndIf
End Sub
```

11. 弹出式菜单的_____属性设置为 False,程序运行时,使用鼠标右键单击相关对象将弹出该菜单。

    A) Enabled   B) Visible   C) Name   D) Checked

12. 以下程序代码能够正确弹出菜单 mnuShape 的语句是_____。

    A) form. PopupMenu mnuShape   B) me. PopupMenu mnuShape

    C) mnuShape. PopupMenu   D) mnuShape. Show

13. 有的菜单项前面可以显示选择标记(√),它是利用了菜单对象的_____属性。

    A) Checked   B) Visible   C) Enabled   D) Index

14. 以下_____是建立菜单不必考虑的问题

    A) 菜单应包含与窗体相关的全部操作

    B) 设计菜单文字的格式

    C) 菜单命令按实际功能分类,并列在相应的主菜单下

    D) 给菜单/菜单项添加适当的快速访问键

    E) 给常用的菜单命令添加快捷键

15. 菜单控件的_____既可以在窗体的设计阶段通过菜单编辑器设置、在 Visual Basic 6.0 开发环境的属性窗口设置,也可以在程序运行中使用语句来改变。

    A) Name 与 Caption   B) Enabled 与 Checked

    C) Name 与 Enabled   D) Visible 与 Index

二、填空题

1. Visual Basic 无论是菜单(主菜单和子菜单)还是菜单项(菜单命令),在 Visual Basic 中都用_____来表示。

2. 菜单控件在菜单控件列表框中的_____决定了该控件是主菜单、菜单命令或是子菜单。列表框内与列表框中左侧靠齐的菜单控件作为主菜单,其标题直接显示在菜单栏中。

3. Visual Basic 一共可以创建_____个子菜单等级。

4. 以_____作为标题的菜单控件,将在菜单列表中作为一个分隔条出现。

5. 在不同菜单列表内的菜单控件可以有相同的快速访问键,但菜单控件的_____不能重复。

6. 单击_____→"菜单编辑器"命令打开 Visual Basic 菜单编辑器。

7. 执行窗体的_____方法可以打开弹出式菜单。

8. 菜单编辑器内包含了菜单控件(Menu Control)列表框、菜单控件控制命令按钮和_____三部分。

9. 菜单控件的标题属性中以_____符号开头的字母表示该菜单控件的快速访问键。窗体运行时,单击菜单命令所执行的事件过程是_____。

10. Visual Basic 通过菜单项的_____属性来控制菜单项的有效性。

9.3 自测练习题答案

一、选择题

1	2	3	4	5	6	7	8	9	10
D	D	D	C	C	C	D	A	C	B
11	12	13	14	15					
B	B	A	B	B					

二、填空题

1. 菜单对象
2. 横向位置
3. 4
4. 连字符
5. 快捷键
6. "工具"
7. PopupMenu
8. 菜单控件的属性选项
9. &、Click
10. Enabled

第 **10** 章　对话框程序设计

10.1　例 题 解 析

一、选择题

1. 下列消息框（MsgBox）函数的参数中，_____是必选项。

A) Buttons　　　　B) Helpfile　　　C) Title　　　　D) Prompt

【解析】　消息框函数的语法公式为：

```
MsgBox(prompt [, buttons][, title][, helpfile, context])
```

其中只有第一个参数（prompt）为必选项，表示消息框显示的消息；第二个参数（buttons）确定消息框的命令按钮、消息框的提示图案、默认选中的按钮以及消息框的强制返回属性；第三个参数（title）用来设定消息框的标题；第四个参数（helpfile, context）用来设置消息框的帮助信息。因此正确答案是 D。

2. 下面消息框语句执行时显示的消息框为_____。

```
MsgBox "猜猜我是谁？", 32
```

A)

图　1-10-1

B)

图　1-10-2

C)

图　1-10-3

D)

图　1-10-4

【解析】 消息框函数的语法公式为：

```
MsgBox(prompt[, buttons][, title][, helpfile, context])
```

其中第二个参数(buttons,可选)确定消息框的命令按钮、消息框的提示图案、默认选中的按钮以及消息框的强制返回属性。本题消息框只显示了一个"确定"命令按钮,表明按钮相应的值取的是 0(vbOKOnly);4 种类型的图片,其对应值为：(16,vbCritical,❌图标)、(32,vbQuestion,❓图标)、(48,vbExclamation,⚠图标)、(64,vbInformation,ⓘ图标)。本题的 buttons 值为 32,故应显示的消息框为图 1-10-1。因此正确答案是 A。

3. 下面程序中消息框的标题文字为_____。

```
MsgPrompt="请选择"是"或"否"。"
MsgTitle="MsgBox Sample"
Response=MsgBox(MsgPrompt, vbYesNo+vbQuestion+vbDefaultButton2, MsgTitle)
```

A) 请选择"是"或"否"。　　　　　B) MsgBox Sample

C) MsgPrompt　　　　　D) MsgTitle

【解析】 消息框函数的第三个参数(title,可选)表示消息框的标题,本题中消息框的标题为变量 MsgTitle,而变量 MsgTitle 的值是" MsgBox Sample",因此标题显示为：MsgBox Sample。因此正确答案是 B。

4. 下面程序执行时,将先后显示两个输入框。在输入框内分别输入 10 和 20 后,程序在消息框内显示的内容是_____。

```
Dim a1, a2
a1=InputBox("请输入 a1")
a2=InputBox("请输入 a2")
Msgbox(a1+a2)
```

A) 30　　　　　B) 1020　　　　　C) 2010　　　　　D) a1＋a2

【解析】 Visual Basic 输入框函数的返回值为文本类型,而程序中虽然定义了变量 a1 与 a2,但并没有说明其类型,因此变量 a1 与 a2 为可变类型。被输入框函数赋值后, a1、a2 的值分别为文本类型 10 与文本类型 20。则 a1＋a2 的值为两个文本类型相连,即 1020。因此正确答案是 B。

5. 在窗体上有一个文本框、一个标签和一个命令按钮,名称分别为 Text1、Label1 和 Command1。编写如下两个事件过程：

```
Private Sub Command1_Click()
strText=InputBox("请输入")
Text1.Text=strText
End Sub
Private Sub Text1_Change()
Label1.Caption=Right(Trim(Text1.Text), 3)
End Sub
```

程序运行后,单击命令按钮 Command1,如果在输入对话框中输入 abcdef,则在标签

Label1 中显示的内容是_____。

    A) 空   B) abcdef   C) abc   D) def

【解析】   本题以事件中的实例考查学生对 InputBox 输入框的理解。为了得到正确的答案,学生还需要了解 Change 事件与 Right 和 Trim 函数。在执行了输入框的输入操作后,输入内容作为文本,被赋值给文本框 Text1,文本框内容的变化激活了其 Change 事件,事件中标签 Label1 的显示文本被赋予了输入内容的右面 3 个字符,因此正确答案是 D。

6. 在用公共对话框控件建立"打开"或"保存"文件对话框时,如果需要指定文件列表框所列出的文件类型是文本文件(即 .txt 文件),则正确的描述格式是_____。

    A) "text (.txt)|*.txt"   B) "文本文件(.txt) | (.txt)"

    C) "text(.txt)|(*.txt)"   D) "text(.txt)(*.txt)"

【解析】   在调出"打开"或"保存"文件对话框前,使用对话框的 Filter 属性设置对话框的文件类型列表框。其语法格式为:

<公共对话框对象>.Filter="类型说明 1 |扩展名 1 |类型说明 2 |扩展名 2…"

其中的扩展名部分采用 *.jpg、*.txt、*.doc 等的格式。因此正确答案是 A。

7. 在窗体上有一个名称为 CommonDialog1 的公共对话框,一个名称为 Command1 的命令按钮。要求单击命令按钮时,打开一个保存文件的公共对话框。该窗口的标题为 Save,默认文件名为 SaveFile,在"文件类型"栏中显示 *.txt。能够满足上述要求的程序是_____。

A)

```
Private Sub Command_Click()
    Commondialog1.FileName= "Savefile"
    Commondialog1.Filter="All Files|*.*|(*.txt)|*.txt|(*.doc).|*.doc"
    CommonDialog1.FilterIndex=2
    CommonDialog1.DialogTitle="Save"
    CommonDialog1.Action=2
End Sub
```

B)

```
Private Sub Command1_Click()
    CommonDialog1.FileName="SaveFile"
    CommonDialog1.Filter="All Files|*.*|(*.txt)|*.txt|*.doc|*.doc"
    CommonDialog1.FilterIndex=1
    CommonDialog1.DialogTitle="Save"
    CommonDialog1.Action=2
End Sub
```

C)

```
Private Sub Cmmand1_Click()
    CommonDialog1.FileName= "Save"
```

```
CommonDialog1.FiLter="A11Files|*.*|(*.txt)|*.txt|(*.doc)|*.doc"
CommonDialog1.Filterindex=2
CommonDialog1.DialogTitle="SaveFile"
CommonDialog1.Action=2
End Sub
```

D)

```
Private Sub Command1_Click()
CommonDialog1.FileName="SaveFile"
CommonDialog1.Filter="All Files|*.*|(*.txt)|*.txt|(*.doc)|*.doc"
CommonDialog1.FilterIndex=1
CommonDialog1.DialogTitle="Save"
CommonDialog1.Action=1
End Sub
```

【解析】 对于"另存为"公共对话框,其 FileName 属性知名保存文件的文件名;Filter属性为过滤器,规定对话框的文件类型列表;FilterIndex 属性指定文件类型列表框的默认文件类型;DialogTitle 指定公共对话框的标题文本;Action 属性用来激活公共对话框。FileName 属性指定了"另存为"对话框的默认文件名,用户在对话框内可以重新选择文件的路径、名称、文件的扩展名,在单击"确定"按钮后文件名称信息以 FileName 传回给程序代码。因此正确答案是 A。

8. 以下叙述中错误的是_____。

A) 在程序运行时,公共对话框控件是不可见的

B) 在同一个程序中,用不同的方法(如 ShowOpen 或 ShowSave 等)打开的公共对话框具有不同的作用

C) 调用公共对话框控件的 ShowOpen 方法,可以直接打开在该公共对话框中指定的文件

D) 调用公共对话框控件的 ShowColor 方法,可以打开颜色对话框

【解析】 Visual Basic 通过公共对话框控件(CommonDialog Control)实现公共对话框的功能。公共对话框控件可以调出"打开"、"另存为"、"颜色"、"字体"、"打印"、"帮助"等标准对话框。公共对话框控件在窗体运行时不可见。通过公共对话框对象的 ShowOpen 方法、ShowSave 方法、ShowColor 方法分别打开"打开"对话框、"另存为"对话框、"颜色"对话框。公共对话框的作用只是用来辅助用户选择文件、选择字体或选择颜色等,并将选择的结果返回给程序代码。选项 C 所说的"ShowOpen 方法可以直接打开在该公共对话框中指定的文件"是错误的。因此正确答案是 C。

9. MsgBox 函数中有 4 个参数,其中必须写明的参数是_____。

A) 指定对话框中显示按钮的数目　　　B) 设置对话框标题

C) 提示信息　　　　　　　　　　　　D) 所有参数都是可选的

【解析】 消息框(MsgBox)函数的语法格式如下:

```
MsgBox(prompt[, buttons][, title][, helpfile, context])
```

其中 Prompt 表示显示在消息框中的提示文本;Buttons 用于指定消息框中按钮的个数、图标样式、默认按钮等;Title 指定消息框的标题文本;Helpfile 表示向对话框提供上下文相关帮助的帮助文件。Prompt 为必选项,其他都是可选项。因此正确答案是 C。

10. 在使用公共对话框控件 ComDialog1 打开字体对话框时,首先需要设置对话框的 Flags 参数值以显示屏幕字体和打印机字体,其设置方法是_____。

A) CommonDialog1. Flags＝cdlCFPrinterFonts

B) CommonDialog1. Flags＝cdlCFBoth

C) CommonDialog1. Flags＝cdlCFScreenFonts

D) CommonDialog1. Flags＝cdlCFEffects

【解析】 显示"字体"对话框之前必须将 CommonDialog 控件的 Flags 属性设置为下列数值之一:

- cdlCFScreenFonts:只显示屏幕字体。
- cdlCFPrinterFonts:只显示打印机字体。
- cdlCFBoth:既显示屏幕字体又显示打印机字体。

在以上属性值的基础上,如果需要字体对话框设置字体的删除线、下划线以及颜色效果,需要在设置 Flags 属性时加入 cdlCFEffects 值,如:

```
CommonDialog1.Flags=cdlCFBoth+cdlCFEffects
```

因此正确答案是 B。

二、填空题

1. 在 Visual Basic 中对话框分为:消息框(MsgBox)与输入框(InputBox)、_____、自定义对话框等。

【解析】 Visual Basic 对话框包括消息框(MsgBox)与输入框(InputBox)、公共对话框、自定义对话框等。因此正确答案是:公共对话框。

2. 消息框的_____确定消息框的命令按钮、消息框的提示图案、默认选中的按钮以及消息框的强制返回属性。

【解析】 消息框函数的语法公式为:

```
MsgBox(prompt [, buttons] [, title] [, helpfile, context])
```

其中只有第一个参数为必选项,表示消息框显示的消息;第二个参数确定消息框的命令按钮、消息框的提示图案、默认选中的按钮以及消息框的强制返回属性;第三个参数用来设定消息框的标题;第四个参数用来设置消息框的帮助信息。因此正确答案是:buttons。

3. 对话框是辅助应用程序输入输出信息、进行设置等用户与应用程序交互的窗口。与窗体窗口不同,对话框的是应用程序窗口的辅助窗口,其_____通常不可调节。

【解析】 对话框窗口的大小通常是不可以调节的。因此正确答案是:大小。

4. 如果将窗体_____属性设置为 False,则除非执行程序中的命令(Unload 窗体名),否则无法关闭窗体。

【解析】 如果将窗体的 ControlBox 属性设置为 False,则窗体标题栏上的控制菜单按钮、最大化、最小化与关闭按钮都将隐去,此时若想关闭窗体,只能通过在窗体上添加"关闭"或"退出"命令按钮、在菜单内添加"退出"命令等方法,执行程序中的 Unload 代码来关闭窗体。因此正确答案是:ControlBox。

5. Visual Basic 通过公共对话框控件(CommonDialog Control)控件可以调出_____、_____、_____、_____、_____、_____等标准对话框。

【解析】 Visual Basic 通过公共对话框控件(CommonDialog Control)可以实现常用标准对话框的功能,其中包括"打开"、"另存为"、"颜色"、"字体"、"打印"、"帮助"等对话框。因此正确答案是:打开、另存为、颜色、字体、打印、帮助。

6. 可以使用公共对话框控件的方法与_____属性设置来打开公共对话框。

【解析】 调用公共对话框的方法有两个:执行公共对话框控件的 Show 方法或对公共对话框控件的 Action 属性值的设置。因此正确答案是:Action。

7. 使用公共对话框控件时,必须首先在工程中加载_____部件。

【解析】 窗体若要引用公共对话框对象,需要首先加载 Microsoft Common Dialog Control 6.0 ActiveX 控件。因此正确答案是:Microsoft Common Dialog Control 6.0 ActiveX 控件。

8. 打开"另存为"公共对话框的方法是_____。

【解析】 打开"另存为"对话框的方法有两个:ShowSave 方法或将其 Action 属性设置为 2。因此正确答案是:ShowSave 或 Action＝2。

9. 窗体中有一公共对话框 ComDialog1 和一个命令按钮 Command1,当单击按钮时打开颜色对话框。请将程序补充完整。

```
Private Sub Command1_Click()
    CommonDialog1._____
End Sub
```

【解析】 打开颜色对话框的方法有两个:ShowColor 方法或将其 Action 属性设置为 3。因此正确答案是:ShowColor 或 Action＝3。

10. 为了使窗体成为"自定义对话框",通常需要去掉窗体的"最大化"与"最小化"按钮并固定窗体边框的大小,方法是设置窗体的_____属性为"3"。

【解析】 窗体对象的 BorderStyle 属性设置值及特点如表 1-10-1 所示。

表 1-10-1

常　　数	设置值	描　　　述
vbBSNone	0	没有边框及与边框相关的元素
vbFixedSingle	1	固定单边框。可以包含控制菜单框、标题栏、"最大化"按钮和"最小化"按钮。只有使用最大化和最小化按钮才能改变窗体的大小
vbSizable	2	默认值,可调整的边框
vbFixedDouble	3	固定对话框。可以包含控制菜单框和标题栏,不能包含最大化和最小化按钮,不能改变尺寸

常　　数	设置值	描　　述
vbFixedToolWindow	4	固定工具窗口。不能改变尺寸。显示关闭按钮并用缩小的字体显示标题栏
vbSizableToolWindow	5	可变尺寸工具窗口。可变大小。显示关闭按钮并用缩小的字体显示标题栏

由此可知,将窗体对象的 BorderStyle 属性值设置为 3 将去掉窗体的"最大化"按钮和"最小化"按钮并固定窗体大小。因此正确答案是：BorderStyle。

10.2　自测练习题

一、选择题

1. 下面消息框语句执行时显示的消息框为＿＿＿＿＿＿。

MsgBox "猜猜我是谁?", 68

A)

图　1-10-5

B)

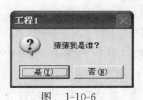

图　1-10-6

C)

图　1-10-7

D)

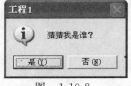

图　1-10-8

2. 下面程序中的消息框将显示出＿＿＿＿＿＿命令按钮。

MsgPrompt="请选择"是"或"否"。"
MsgTitle="MsgBox Sample"
Response=MsgBox(MsgPrompt, vbYesNo+vbQuestion+vbDefaultButton2, MsgTitle)

A)"是"、"否"　　　　　　　　B)"确定"、"取消"

C)"真"、"假"　　　　　　　　D)"确定"

3. 输入框(InputBox)函数的第三个参数设置输入框的＿＿＿＿＿＿。

A) 默认值　　　　B) 标题　　　　C) 显示文本　　　D) 按钮种类

4. 将窗体的＿＿＿＿＿＿属性设置为1,运行时窗体的大小不可改变,同时去掉了标题栏的最大化与最小化按钮。

    A) BorderStyle   B) AutoRedraw

    C) ControlBox   D) DrawStyle

5. 自定义对话框是用户创建的作为对话框使用的_____,它可以显示应用程序的输出信息,也可以为应用程序接收信息。

    A) 输入框   B) 公共对话框   C) 窗体   D) 文本框

6. 在 Visual Basic 窗体中要想使用公共对话框控件,需要首先在工程中加载 ActiveX 控件 COMDLG32.OCX,其方法是单击"工程"菜单中的_____,在显示出的对话框内查找 Microsoft Common Dialog Control 6.0 控件,勾选其左边的复选框并单击"确定"按钮。

    A) 引用   B) 部件   C) 工程属性   D) 选项

7. 有一个公共对话框控件 CommonDialog1,下面_____方法可以打开颜色对话框。

    A) CommonDialog1.Action=1   B) CommonDialog1.Action=2

    C) CommonDialog1.Action=3   D) CommonDialog1.Action=4

8. 窗体内包含公共对话框控件 CommonDialog1,操作 CommonDialog1.ShowSave 可以被下面_____语句替代。

    A) CommonDialog1.Action=1   B) CommonDialog1.Action=2

    C) CommonDialog1.Action=3   D) CommonDialog1.Action=4

9. 窗体内包含图像控件 Image1、命令按钮 cmdSave 和公共对话框控件 CommonDialog1,在程序空白处填入适当的语句使程序运行时将图像控件 Image1 中的图片保存到"另存为"对话框内选定的图片文件中。

```
Private Sub cmdSave_Click()
    CommonDialog1.Filter="Bitmap (*.bmp)|*.bmp"
                            '图像控件的图片只能以位图的格式保存
    CommonDialog1.ShowSave
    SavePicture Image1.Picture, _____
End Sub
```

    A) CommonDialog1.Save   B) CommonDialog1.Image1

    C) CommonDialog1.FileName   D) CommonDialog1.Name

10. 窗体内包含图像控件 Image1、命令按钮 cmdOpen 和公共对话框控件 CommonDialog1,在程序空白处填入适当的语句使程序运行时将"打开"对话框内选定的图片显示到图像控件 Image1 中。

```
Private Sub cmdOpen_Click()
    CommonDialog1.Filter="位图 (*.bmp)|*.bmp|JPEG 图像 (*.jpg)|*.jpg|GIF 图像
(*.gif)|*.gif"
    CommonDialog1.ShowOpen
    Image1.Picture=LoadPicture(_____)
```

End Sub

A) CommonDialog1. FileName   B) CommonDialog1. Image1

C) CommonDialog1. Open   D) CommonDialog1. Name

11. 窗体内包含公共对话框控件 CommonDialog1，操作_____可以打开"字体"对话框。

A) CommonDialog1. Action＝1   B) CommonDialog1. Action＝2

C) CommonDialog1. Action＝3   D) CommonDialog1. Action＝4

12. 为了利用公共对话框控件 CommonDialog1 打开某个标准对话框，下面_____语句与 CommonDialog1. Action＝1 等价。

A) ShowOpen   B) ShowSave

C) ShowColor   D) ShowFont

二、填空题

1. 自定义对话框是用户创建的作为对话框使用的_____，它可以显示应用程序的输出信息，也可以为应用程序接收信息。

2. _____对话框打开时，无法将操作焦点切换到应用程序的其他部分。_____对话框允许在对话框与其他窗体之间转移焦点而不用关闭对话框。

3. 程序中运行时，有两种方式可以调出公共对话框。一种是执行公共对话框对象的方法，一种是设置公共对话框对象的_____属性值。

4. 窗体内包含图像控件 Image1、命令按钮 cmdOpen 和公共对话框控件 CommonDialog1，在下面程序段中的空白处填入适当的语句使程序运行时将"打开"对话框内选定的图片显示到图像控件 Image1 中。

```
Private Sub cmdOpen_Click()
    CommonDialog1.Filter="位图（＊.bmp）|＊.bmp|JPEG 图像（＊.jpg）|＊.jpg|GIF 图像
（＊.gif）|＊.gif"
    CommonDialog1.ShowOpen
    Image1.Picture=LoadPicture(_____)
End Sub
```

5. 为了使公共对话框控件 CommonDialog 打开"颜色"对话框，需要在执行打开"颜色"对话框的操作前首先设置 CommonDialog 控件对象的_____标志以规定颜色的初始值。

10.3　自测练习题答案

一、选择题

1	2	3	4	5	6	7	8	9	10
D	A	A	A	C	B	C	B	C	A

11	12								
D	A								

二、填空题

1. 窗体
2. 模式、无模式
3. Action
4. CommonDialog1. FileName
5. cdlCCRGBInit

第11章 访问数据库

11.1 例题解析

一、选择题

1. 关系型数据库中存储数据的基本单位是_____。

A) 字段   B) 记录   C) 表   D) 数据库

【解析】 本题考查的知识点是关系型数据库的基本概念。关系型数据库模型把数据用满足一定条件的二维表格的形式来表示。在关系型数据库中,可以包含相互之间存在联系的多张表,每张表是由若干条记录组成,每条记录是由若干个不同字段组成。表是关系型数据库中有组织地存储数据的基本单位。因此正确答案是 C。

2. 要使绑定控件能通过 Data1 数据控件链接到数据库上,需要设置控件的DataSource 属性为 Data1,要使绑定控件能与有效的字段建立联系,需要设置控件的属性为_____。

A) RecordSource   B) RecordType   C) DatabaseName   D) DataField

【解析】 本题考查的知识点是数据控件的属性。Visual Basic 内嵌的 Data 数据控件是访问数据库的一种方便的工具,用于连接数据库内数据源的对象。要利用 Data 控件返回数据库中的记录集,需要通过它的基本属性设置要访问的数据源。由于数据控件本身不能直接显示记录集中的数据,必须通过能与它绑定的控件来实现。要使绑定控件能通过 Data1 数据控件链接到数据库上,需要设置控件的 DataSource 属性,要使绑定控件能与数据源中有效的字段建立联系,需要设置控件的 DataField 属性。因此正确答案是 D。

3. 要利用数据控件返回数据库中的记录集,需要设置的属性为_____。

A) RecordSource   B) RecordType   C) DataField   D) DatabaseName

【解析】 本题考查的知识点是数据控件的属性。数据控件的 RecordSource 属性确定具体可访问的数据,这些数据构成记录集对象 RecordSet。因此正确答案是 A。

4. Data 数据控件的 Reposition 事件发生在_____。

A) 移动记录指针前   B) 修改记录指针后

C) 记录成为当前记录前   D) 记录成为当前记录后

【解析】 本题考查的知识点是数据控件的事件。Data 数据控件的 Reposition 事件发生在一条记录成为当前记录后。当改变记录集的指针使其从一条记录移动到另一条记录时,就会触发 Data 数据控件的 Reposition 事件。因此正确答案是 D。

5. 假设"学生管理.mdb"库中包含"学生信息"表和"学期成绩"表,在程序设计阶段通过 Data1 数据控件已链接了"学生管理.mdb"库中的"学生信息"表,现需要在程序运行时重新设置数据控件链接的数据源"学期成绩"表,执行下列 Form_Click 事件后,正确的是_____。

A)

```
Private Sub Form_Click()
    Data1.RecordSource="学期成绩"
End Sub
```

B)

```
Private Sub Form_Click()
    Data1.RecordSource="学期成绩"
    Data1.Refresh
End Sub
```

C)

```
Private Sub Form_Click()
    Data1.Refresh
    Data1.RecordSource="学期成绩"
End Sub
```

D)

```
Private Sub Form_Click()
    Data1.DatabaseName="学期成绩"
End Sub
```

【解析】 本题考查的知识点是数据控件的 RecordSource 属性。数据控件的 RecordSource 属性确定具体可访问的数据,当该属性被重新设置后,必须用 Refresh 方法激活这个变化。否则数据控件链接的数据源还是原链接的数据源。因此正确答案是 B。

6. 下列关于记录集对象 RecordSet 的描述中错误的是_____。

A) Visual Basic 6.0 通过 Microsoft Jet 3.51 数据库引擎提供的记录集(RecordSet)对象来检索和显示数据库中的记录

B) RecordSet 对象有自己的属性和方法,Visual Basic 使用这些属性和方法对数据库中记录进行访问和操作

C) BOF 和 EOF 都是 RecordSet 对象的属性,分别用来指示记录集指针的位置是否到达了第一条记录或最后一条记录。

D) BOF 和 EOF 都是 RecordSet 对象的属性,分别用来指示记录集指针的位置是否到达了第一条记录之前或最后一条记录之后。

【解析】 本题考查的知识点是记录集对象 RecordSet。在 Visual Basic 中数据库表是不能直接被访问的,Visual Basic 6.0 通过 Microsoft Jet 3.51 数据库引擎提供的记录集(RecordSet)对象来检索和显示数据库中的记录。RecordSet 有自己的属性和方法,Visual Basic 使用这些属性和方法对数据库表中的记录进行访问和操作。RecordSet 的常用属性有:BOF 和 EOF 属性、AbsolutePosition 属性、BookMark 属性和 RecordCount 属性。其中 BOF 和 EOF 属性分别用来指示记录集指针的位置是否到达了第一条记录之前或最后一条记录之后。BOF 和 EOF 的数据类型为布尔型,如果该值是 True,则表明到达了那样的位置,否则没有到达那样的位置。RecordSet 的常用方法有 AddNew、Edit、Delete 和 Find 方法。因此正确答案是 C。

7. 在 SQL 的 SELECT 语句中不可缺少的关键字是_____。

A) SELECT、FROM   B) SELECT、WHERE

C) SELECT、ALL   D) SELECT、ORDER BY

【解析】 本题考查的知识点是结构化查询语言 SQL 提供的 Select 语句的形式。SQL 语言通过 Select 语句实现查询数据库操作,Select 语句的基本形式为:

```
SELECT    * |< 字段列表>
FROM <表名>
[WHERE <条件表达式>]
[GROUP BY <字段名 1>[HAVING <条件表达式>]]
[ORDER BY <字段名 2>[ASC|DESC]];
```

整个 SELECT 语句的含义是根据 WHERE 子句的条件表达式,从 FROM 子句指定的表中找出满足条件的记录,再按 SELECT 子句中的目标字段列表,选出记录中的字段值形成结果集。SELECT 语句中至少要有 SELECT 和 FROM 部分,其余部分为可选项。因此正确答案是 A。

8. 在窗体上添加 ADO Data 控件后,控件的默认名称是_____。

A) Adodc1   B) Ado1   C) Data1   D) DataGrid1

【解析】 本题考查的知识点是使用数据控件。Visual Basic 通过 Data 数据控件、ADO 数据控件来实现对数据库的访问。Data 数据控件是 Visual Basic 工具箱中的标准控件,默认的名称为 Data1。ADO Data 控件不是工具箱中的标准控件,是附加的 ActiveX 控件,因此要添加进程序中才能使用,其默认的控件名称为 Adodc1。DataGrid 控件可以以表格的形式显示数据,并具有对记录的编辑功能。该控件需要与 ADO 数据控件一起使用,实现对数据库的访问。将 DataGrid 控件添加到工具箱,再将 DataGrid 控件放置到窗体上,其默认的名称为 DataGrid1。因此正确答案是 A。

9. 下列关于使用 ADO 数据控件访问数据库的描述中错误的是_____。

A) ADO(ActiveX Data Objects)是微软编程工具中几乎可以访问任何数据的统一的对象级接口

B) 数据控件是用于连接数据库内数据源的对象。Visual Basic 6.0 提供标准的 Data 控件和 ADO 数据控件,它们都是 Visual Basic 工具箱内的默认控件

C) ADO Data 控件不是工具箱中固有的默认控件,是附加的 ActiveX 控件

D) 将 ADO Data 控件连接到数据库,是在 ADO Data 控件的"属性页"对话框中进行的

【解析】 本题考查的知识点是使用 ADO 数据控件访问数据库。ADO(ActiveX Data Objects)是微软公司最新推出的数据访问技术,它的访问类型更广泛,操作性能更好,资源使用效率更高。ADO 是微软编程工具中几乎可以访问任何数据的统一的对象级接口。从 Windows 2000 开始,ADO 已经成为 Windows 操作系统的标准组件。Visual Basic 中的 ADO 包括 ADO Data 控件和 ADO 数据访问对象。ADO Data 控件不是工具箱中固有的默认控件,要在"部件"对话框的"控件"选项卡的列表中选中 Microsoft ADO Data Control 6.0(OLEDB)项,在工具箱中添加一个新的 Adodc 工具按钮,使用时再添加到窗体上。要使用 ADO Data 控件访问数据库,首先将 ADO Data 控件连接到数据库,需要在 ADO Data 控件的"属性页"对话框中进行相应设置。因此正确答案是 B。

10. ADO 对象模型中可以打开 RecordSet 对象的是_____。

A) 只能是 Connection 对象

B) 只能是 Command 对象

C) 可以是 Connection 对象和 Command 对象

D) 不存在

【解析】 本题考查的知识点是 ADO 对象模型的基本概念。ADO 对象模型是基于 OLE DB 的高层软件接口,在程序中可以直接使用 ADO 提供的各种对象访问数据库。ADO 对象模型中有 3 个主要的独立对象:Connection、Command 和 RecordSet 对象,它们能独立于其他对象单独的创建和操作。Connection 对象代表了与数据源的连接,Command 对象代表对数据源执行的命令,RecordSet 对象表示来自表或作为命令执行结果的记录集。ADO 对象模型中可以打开 RecordSet 对象的是 Connection 对象或 Command 对象。使用时,只需要在程序中创建对象变量,并通过对象变量来调用访问对象方法、设置访问对象属性,从而实现对数据库的各种访问操作。因此正确答案是 C。

二、填空题

1. Data 数据控件的_____属性用来确定所连接的数据库,Data 数据控件的_____属性用来确定所连接的数据库中的表。

【解析】 本题考查的知识点是 Data 数据控件的属性。Data 数据控件是 Visual Basic 工具箱中的标准控件,利用它能方便地创建应用程序和数据库之间的连接,并可实现对数据资源的访问。用 Data 控件连接数据库需要设置控件的 DatabaseName 属性,用来确定所连接的数据库。设置控件的 RecordSource 属性用来确定所连接的数据库中的表。连接到数据库的 Data 数据控件就是应用程序中用到的数据源。

因此正确答案是: DatabaseName、RecordSource。

2. 记录集 RecordSet 的_____属性用来返回当前记录的指针值。

【解析】 本题考查的知识点是记录集 RecordSet 的属性。RecordSet 的 AbsolutePosition 属性返回当前记录的指针值,第一条记录的指针值为 0,因此在程序中常使用语句"Data1. RecordSet. AbsolutePosition+1"表示当前记录值。

因此正确答案是: AbsolutePosition。

3. 要在程序中通过代码使用 ADO 对象,必须先为当前工程引用_____。

【解析】 本题考查的知识点是使用 ADO 对象模型访问数据库。要在程序中通过代码使用 ADO 对象,必须先为当前工程引用 ADO 类型库"Microsoft ActiveX Data Objects 2.8 Library"。方法是单击"工程"菜单中的"引用"菜单项,在打开的"引用"对话框的"可用的引用"列表框中选中 ADO 类型库"Microsoft ActiveX Data Objects 2.8 Library"项。

注意:在不同的计算机系统中出现的 ADO 类型库的版本号可能不同,这和安装的 Visual Basic 补丁程序的版本不同有关,可以选择其中的最新版本。

有两种类型库可供选择。一种是"Microsoft ActiveX Data Objects 2.X Library"(X 可能是不同的数字,代表版本号),称为 ADODB,一般情况下可选择它;另一种是 "Microsoft ActiveX Data Objects Recordset 2.X Library",称为 ADOR,它是 ADODB 类型库的简化子集,如果只对记录集进行操作,可选择该类型库。

因此正确答案是:ADO 类型库"Microsoft Active Data Objects 2.8 Library"。

4. 建立一个数据库,库中包含如表 1-11-1 所示的职工信息情况。在窗体上用 Data 数据控件(Data1 数据控件的 Visible 属性为 False,即为不可见状态)和 MSFlexGrid 数据绑定控件实现对该表的信息浏览。运行情况如图 1-11-1 所示。

表 1-11-1

部 门	姓 名	性别	出生年月	职 称	月收入
计算机系	修佳宜	女	1955-02	正教授	3221.90
数学系	郑小武	女	1963-11	副教授	2578.30
计算机系	张君	男	1978-05	讲师	1988.60
数学系	席忠	男	1952-01	正教授	3560.50
外语系	叶湘	女	1968-09	副教授	2365.40
外语系	欧阳峰	男	1980-06	助教	1320.10
计算机系	单荣	女	1970-03	讲师	2228.30

请依据上述功能将操作步骤补充完整。

(1) 选择"外接程序"→"可视化数据管理器"命令,打开数据管理器窗口。

(2) 选择数据管理器窗口中的"文件"→"新建" →Microsoft Access→Version 7.0 MDB 命令,在出现的保存数据库对话框中,选择好路径、输入数据库文件名"职工信息.mdb"。

(3) 在数据库窗口中按鼠标右键,在弹出的快捷菜单中选择"新建表",打开"表结构"对话框。在 "表名称"框中输入表名"职工基本信息"。单击"添加字段"按钮,打开"添加字段"对话框,在此可以向该表添加字段。"职工基本信息"表的结构如表 1-11-2 所示。

图 1-11-1

表 1-11-2

字段名	类型	大小	字段名	类型	大小
部门	Text	10	出生年月	Date/Time	8（默认）
姓名	Text	10	职称	Text	10
性别	Text	2	月收入	Single	4（默认）

（4）将 7 条记录添加到"职工基本信息"数据表中。

（5）在窗体上添加一个数据控件 Data1、一个 MSFlexGride 网格控件和一个标签。窗体界面设计如图 1-11-2 所示。在 MSFlexGride 控件的"属性页"对话框中，将"属性页"中列数设为 6，固定列设为 0，其他属性为默认值。此外，在 MSFlexGride 网格控件的属性窗口将 DataSource 属性设为_____。

（6）将 Data1 数据控件的 Visible 属性设置为 False，即为不可见状态。DatabaseName 属性设置为_____，RecordSource 属性设置为_____。

图　1-11-2

【解析】　本题考查的知识点是通过 Data 数据控件和 MSFlexGrid 数据绑定控件实现对数据库中表的信息浏览。

数据绑定控件 MSFlexGride（网格控件）是用若干行和列来表示记录集对象中的记录和字段，即以表格的形式显示数据。要使用网格控件，必须将该控件添加到工具箱中。方法是在工具箱空白处按鼠标右键，打开"部件"对话框，在其中选中 Microsoft FlexGrid Control 6.0 选项。添加到工具箱后的 MSFlexGrid 控件，其图标为 ，默认的名称为 MSFlexGrid1。将 MSFlexGride 网格控件添加到窗体上，在其属性窗口将 DataSource 属性设为 Data1，将 MSFlexGride 控件绑定到数据控件 Data1 上，这样就可以与数据库建立连接，并在网格控件中显示数据信息了。

将 Data1 数据控件的 DatabaseName 属性设置为"职工信息.mdb"，RecordSource 属性设置为"职工基本信息"，实现和"职工信息.mdb"中的"职工基本信息"表的连接。

因此正确答案是：Data1、职工信息.mdb、职工基本信息。

5. 在第 4 题所建立的数据库基础上实现按"职称"查询职工信息的功能。查询条件用输入框输入。窗体界面及运行情况如图 1-11-3、图 1-11-4 和图 1-11-5 所示。

请依据上述功能填空：

```
Private Sub Command1_Click()
  Dim str As String
  str= InputBox("请输入职称", "查询")
  Data1.RecordSource="select * from 职工基本信息
                    where 职称='" & str & "'"
  Data1._____
  If _____ Then
```

```
        MsgBox "未找到所需信息!", , "提示"
        Data1.RecordSource="职工基本信息"
        Data1.Refresh
    End If
End Sub
```

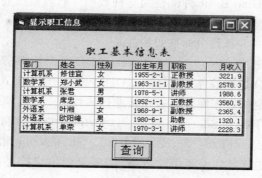

图 1-11-3

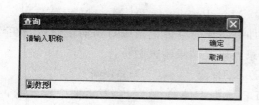

图 1-11-4

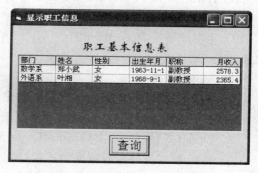

图 1-11-5

【解析】 本题考查的知识点是 Data 数据控件的属性和方法。在用 SQL 的 SELECT 语句设置 Data 控件的 RecordSource 属性后,必须使用 Data1. Refresh 方法激活这个变化。

在 If…End If 结构中,如果未找到所需的信息,则产生提示框。所以判断条件应为"Data1. RecordSet. EOF",其值为 True,表示表中当前记录指针移到最后一条记录的后面,无满足条件的记录,则产生提示信息,重新打开原有的数据表。

因此正确答案是: Refresh、Data1. RecordSet. EOF。

11.2　自测练习题

一、选择题

1. 下列叙述中,正确描述的是_____。

A) Visual Basic 支持多种不同类型的数据库,在程序中所使用的数据库必须通过相

关的数据库管理系统来建立

B) 在程序中所使用的数据库必须通过 Visual Basic 提供的可视化数据管理器来建立

C) 在程序中所使用的数据库可以使用 Visual Basic 提供的可视化数据管理器来建立,也可以在 Visual Basic 外部使用某种数据库管理系统建立

D) 可视化数据管理器是用于连接数据库内数据源的对象

2. Visual Basic 6.0 工具箱中标准的控件是_____。

A) Data 控件   B) ADO 数据控件

C) Data 控件、ADO 数据控件   D) Microsoft FlexGrid 控件

3. Data 控件与指定的数据库及其表连接通过属性_____实现。

A) DataSource 和 RecordSource   B) DatabaseName 和 RecordSource

C) DataSource 和 DataField   D) DatabaseName 和 RecordSet

4. 要使绑定控件能显示数据源中的数据,需要设置绑定控件的_____属性,来确定要绑定的数据控件名,再设置_____属性,来确定要绑定的字段名。

A) DataSource 和 RecordSource   B) DatabaseName 和 RecordSource

C) DataSource 和 DataField   D) DatabaseName 和 RecordSet

5. 使用记录集 RecordSet 的_____方法,可以在浏览数据库记录时检查记录指针是否达到 EOF 处。

A) MoveFirst   B) MoveLast   C) MovePrevious   D) MoveNext

6. 使用 AddNew、Edit 方法在记录集中添加一条新的空白记录或对当前记录进行更改后,只有在调用_____方法后,才能把新记录或修改结果写入数据库。

A) Update   B) CancelUpdate   C) Refresh   D) Move

7. ADO 数据控件与数据库的连接是在 ADO 数据控件的_____对话框中设置的,连接到数据库的 ADO 数据控件就是应用程序中的数据源。

A) ADODC 属性   B) ADO 属性   C) 属性   D) 属性页

8. ADO 对象模型有 3 个主要的独立对象,它们分别是_____。

A) Connection、Command 和 RecordSource 对象

B) Connection、Command 和 RecordSet 对象

C) ConnectionString、Command 和 RecordSet 对象

D) ConnectionString、Command 和 RecordSource 对象

9. 结构化查询语言 SQL 最常用的操作是从数据库中查询数据,查询数据库使用语句_____来完成。

A) SELECT   B) CREATE   C) INSERT   D) UPDATE

10. Visual Basic 6.0 提供的数据网格控件有_____,它们可以被绑定到数据控件上,以表格的形式显示信息。

A) DataGrid 控件、ADO 控件等   B) ADO 控件、MSFlexGrid 控件等

C) DataGrid 控件、MSFlexGrid 控件等 D) Data 控件、ADO 控件等

二、填空题

1. 关系型数据库模型把数据用表的形式表示,表可以看作一组行和列的组合。表中的每一行称为一条_____,表中的每一列称为一个_____。

2. 在 Visual Basic 中数据库的表是不能直接访问的,只能通过_____对象进行操作和浏览。

3. _____是将控件的属性与一个数据源相链接的一种机制。

4. 当记录集为空时,BOF 与 EOF 为_____。当记录集非空时,若记录指针指在某条记录上,BOF 与 EOF 为_____。

5. 在使用 ADO 数据控件链接数据库之前,必须先通过"工程/部件"菜单命令选择"_____"选项,将 ADO 数据控件添加到工具箱。

11.3 自测练习题参考答案

一、选择题

1	2	3	4	5	6	7	8	9	10
C	A	B	C	D	A	D	B	A	C

二、填空题

1. 记录、字段
2. 记录集 RecordSet
3. 绑定
4. True、False
5. Microsoft ADO Data Control 6.0(OLEDB)

第 12 章 键盘与鼠标事件过程

12.1 例 题 解 析

一、选择题

1. 以下叙述中错误的是_____。

A) 在 KeyUp 和 KeyDown 事件过程中,从键盘上输入 A 或 a 被视作相同的字母(即具有相同的 KeyCode)

B) 在 KeyUp 和 KeyDown 事件过程中,将键盘上的"1"和右侧小键盘上的"1"视作不同的数字(具有不同的 KeyCode)

C) KeyPress 事件中不能识别键盘上某个键的按下与释放

D) KeyPress 事件中可以识别键盘上某个键的按下与释放

【解析】 在 KeyUp 和 KeyDown 事件过程中,参数 KeyCode 用于传递给事件用户所按下的按键,由于 A 与 a 是同一个按键,因此具有相同的 KeyCode 值(取其大写字母的 ASCII 值)。而用户按键的大小写,可以通过事件的 Shift 参数识别。因此 A 的叙述是正确的。由于大键盘上的"1"和右侧小键盘上的"1"是不同的按键,因此具有不同的 KeyCode 值。B 的叙述是正确的。在 KeyPress 事件中,用 KeyAscii 码来接收用户的按键,大小写 A/a 具有不同的 KeyAscii 值。但是在 KeyPress 事件中不区别键盘的按下或抬起操作。D 的叙述是正确的,C 的叙述是错误的。因此正确答案是 C。

2. 在窗体上有一个名称为 txtA 的文本框,编写如下的事件过程:

```
Private Sub txtA_KeyPress(KeyAscii as integer)
    …事件过程程序代码…
End Sub
```

若焦点位于文本框中,则能够触发 KeyPress 事件的操作是_____。

A) 在文本框上单击鼠标　　　　　B) 双击文本框

C) 鼠标经过文本框　　　　　　　D) 按下键盘上的某个键

【解析】 在某对象上按下键盘按键触发对象的 KeyPress 事件,是选项 D。其他选项 A、B、C 操作触发的事件分别是 Click、DblClick、MouseMove。因此正确答案是 D。

3. 窗体上有一个文本框 Text1、一个标签 Label1，下面_____事件过程可以在标签上显示出用户在文本框输入字符的 ASCII 码。

A)
```
* Private Sub Text1_KeyPress (KeyAscii As Integer)
    Label1.Caption=KeyAscii
End Sub
```

B)
```
Private Sub Text1_KeyDown (KeyAscii As Integer)
    Label1.Caption=KeyAscii
End Sub
```

C)
```
Private Sub Text1_KeyUp (KeyAscii As Integer)
    Label1.Caption=KeyAscii
End Sub
```

D)
```
Private Sub Text1_KeyPress (Ascii As Integer)
    Label1.Caption=Ascii
End Sub
```

【解析】 只有在 KeyPress 事件中才能得到用户按键的 ASCII 码信息，而 KeyDown 事件与 KeyUp 事件中得到的参数是 KeyCode，它与按键的 ASCII 码值不时完全一致。因此本题应该选择文本框的 KeyPress 事件。在 KeyPress 事件中 KeyAscii 参数传递给事件过程用户的按键信息，选项 D 中的参数是错误的。因此正确答案是 A。

4. 下面不是键盘事件过程的选项是_____。

A) KeyPress   B) Click   C) KeyDown   D) KeyUp

【解析】 键盘的事件过程包括 KeyPress、KeyDown、KeyUp，而 Click 是鼠标单击所触发的事件过程。因此正确答案是 B。

5. 假定有如下事件过程：

```
Private Sub Form_MouseDown(button As Integer, Shift As Integer, X As Single, Y As Single)
If Button=2 then
PopupMenu popForm
End if
End Sub
```

则以下描述中错误的是_____。

A) 该过程的功能是弹出一个菜单

B) popForm 是在菜单编辑器中定义的弹出式菜单的名称

C) 参数 X、Y 指明鼠标的当前位置

D) Button＝2 表示按下的是鼠标左键

【解析】 这是一个通过窗体的 MouseDown 事件弹出 popForm 菜单的事件过程,过程参数 Button 用来识别用户按下的鼠标键,值为 2 表示鼠标右键,参数 X、Y 表示鼠标按下的位置。因此 A、B、C 的叙述都是正确的,只有 D 的叙述错误。因此正确答案是 D。

6. 程序运行后,在窗体上单击鼠标,此时窗体不会接收到的事件是_____。

A) MouseDown   B) MouseUp   C) Load   D) Click

【解析】 单击鼠标,依次激活的事件为 MouseDown、Click、MouseUp,Load 事件与鼠标无关。因此正确答案是 C。

7. 窗体的 MouseDown 事件过程

```
Form_MouseDown (Button As Integer, Shift As Integer, X As Single, Y As Single)
```

有 4 个参数,关于这些参数,正确的描述是_____。

A) 通过 Button 参数判定当前按下的是哪一个鼠标键

B) Shift 参数只能用来确定是否按下 Shift 键

C) Shift 参数只能用来确定是否按下 Alt 和 Ctrl 键

D) x、y 参数用来设置鼠标当前位置的坐标

【解析】 在 MouseDown 事件过程中,Button 参数用来识别按下的鼠标键;Shift 参数用来识别按下鼠标键的同时 Shift、Ctrl 与 Alt 键的状态;X、Y 参数用来表示鼠标按下的相对位置。B 和 C 的叙述不全面,而 D 所说的“设置”当前位置是不对的。因此正确答案是 A。

8. 在窗体上有一个名称为 Text1 的文本框,编写如下程序:

```
Private Sub Form_Load()
Show
Text1.Text=""
Text1.SetFocus
End Sub


Private Sub Form_MouseUp (Button As Integer, Shift As Integer, X As Single, Y As
Single)
Print "程序设计"
End Sub


Private Sub Text1_KeyDown(KeyCode As Integer, Shift As Integer)
Print "Visual Basic";
End Sub
```

程序运行后,如果在文本框内按 A 键,然后单击窗体,则在窗体上显示的内容是_____。

A) Visual Basic   B) 程序设计

C) A 程序设计   D) Visual Basic 程序设计

【解析】 在文本框内单击 A 键,文本框的 KeyDown 过程将执行在窗体上 Print

"Visual Basic";操作。单击窗体会依次执行窗体的 MouseDown、Click、MouseUp 事件,本例中窗体的 MouseDown、Click 事件过程为空,因此只执行 MouseUp 事件过程的 Print "程序设计",故两个事件先后执行后,窗体上显示 Visual Basic 程序设计。因此正确答案是 D。

9. 在窗体上有一个名称为 Text1 的文本框,要求文本框只能接收大写字母的输入。以下能实现该操作的事件过程是_____。

A)

```
Private Sub Text1_KeyPress(KeyAscii As Integer)
    If KeyAscii<65 Or KeyAscii>90 Then
        MsgBox "请输入大写字母"
        KeyAscii=0
    End If
End Sub
```

B)

```
Private Sub Text1_KeyDown(KeyCode As Integer, Shift As Integer)
    If KeyCode<65 Or KeyCode>90 Then
        MsgBox "请输入大写字母"
        KeyCode=0
    End If
End Sub
```

C)

```
Private Sub Text1_MouseDown(Button As Integer, Shift As Integer, X As Single, Y As Single)
    If Asc(Text1.Text)<65 Or Asc(Text1.Text)>90 Then
        MsgBox "请输入大写字母"
    End If
End Sub
```

D)

```
Private Sub Text1_Change()
    If Asc(Text1.Text)>65 And Asc(Text1.Text)<90 Then
        MsgBox "请输入大写字母"
    End If
End Sub
```

【解析】 在文本框的 KeyPress 事件中,通过将事件的参数 KeyAscii 的值设置为 0,可以将输入的键"吃掉",即相当于没有按键的效果,只有 KeyPress 事件有此功能。因此正确答案是 A。

10. 对象的拖放有手动拖放与自动拖放两种模式。当对象的_____属性为 0 时是手动拖放模式;当对象的_____属性为 1 时则为自动拖放模式。在手动拖放模式下,需要执行对象的_____来启动对象的拖放操作,而在自动拖放模式下,用户可以直接使用鼠标拖动对象。

A) Mode,Mode,Drag 方法　　　　　　B) Drag,Drag,DragMode 方法

C) Dragode,DragMode,Drag 方法　　D) Drag,Drag,Drag 方法

【解析】 对象的拖放有手动拖放与自动拖放两种模式。当对象的 DragMode 属性为 0(默认值)时是手动拖放模式;当对象的 DragMode 属性为 1 时则为自动拖放模式。在手动拖放模式下,需要执行对象的 Drag 方法来启动对象的拖放操作,而在自动拖放模式下,用户可以直接使用鼠标拖动对象。因此正确答案是 C。

二、填空题

1. 在窗体上有一个名称为 Combo1 的组合框,有两个名称分别 Label1 和 Label2 及 Caption 属性分别为"城市名称"和空白的标签。程序运行后,当在组合框中输入一个新项后按回车键(ASCII 码为 13)时,如果输入的项在组合框的列表中不存在,则自动添加到组合框的列表中,并在 Label2 中给出提示"已成功添加输入项";如果存在,则在 Label2 中给出提示"输入项已在组合框中"。请在下面程序的空白处填入正确的语句。

```
Private Sub Combo1 _____ (KeyAscii As Integer)
    If KeyAscii=13  Then
    For i=0 To Combo1.listCount-1
    If Combo1.Text=_____ Then
    Label2.Caption="输入项已在组合框中"
    Exit Sub
    End If
    Next i
    Label2.Caption="已成功添加输入项"
    Combo1._____ Combo1.Text
    End If
End Sub
```

【解析】 与键盘输入相关的事件过程有三个,分别是 KeyPress、KeyDown、KeyUp。KeyDown 与 KeyUp 事件过程除能响应用户按下的字符、数字、符号键外,还能识别各种控制键,如回车键、退出键、定位键与小键盘上的按键。通常利用这两个事件完成按键的控制操作,而 KeyPress 事件主要用来处理用户按下的字符、数字、符号键。因此第一个空填入_KeyPress,同时这个事件的参数为 KeyAscii,而 KeyDown 与 KeyUp 事件的参数是 KeyCode 与 Shift。本题的第二个空在 For 循环内,用来判断组合框的输入内容是否与各列表项的文本吻合,因此填入 Combo1.List(i)。第三个空在程序加入了新文本时执行,向组合框的列表框内加入新的词条,操作由组合框的 AddItem 方法实现,因此填入 AddItem。因此正确答案是:_KeyPress、Combo1.List(i)、AddItem。

2. 窗体的 KeyPreview 属性设置为 True,并已编写如下两个事件过程:

```
Private Sub Form_KeyDown(KeyCode As Integer, Shift As Integer)
    Print Chr(KeyCode)
```

```
End Sub
Private Sub Form_KeyPress(KeyAscii As Integer)
    Print Chr(KeyAscii)
End Sub
```

程序运行后,如果直接按键盘上的 A 键(即不按住 Shift 键),则在窗体上输出的是_____。

【解析】 窗体对象既有 KeyDown 事件,又有 KeyPress 事件。在窗体内输入 A 键时,先后激活窗体的 KeyDown 事件与 KeyPress 事件。输入 A 键时,实际上是加入小写字符 a,其 ASCII 码值为 97,KeyPress 事件通过 KeyAscii 参数得到 ASCII 码值,而 KeyDown 事件得到的参数 KeyCode 与键盘按键对应,而不区分按键的大小写,即所有字母键的 KeyCode 值都取相应按键的大写字母的 ASCII 码值。因此 KeyDown 事件在窗体上打印大写字母 A,而 KeyPress 事件在窗体上打印小写字母 a。因此正确答案是:Aa。

3. 按下某一按键时触发_____事件和_____事件,松开按键后触发_____事件。

【解析】 按下按键时触发对象的 KeyDown 事件和 KeyPress 事件,松开按键时触发对象的 KeyUp 事件。因此正确答案是:KeyDown、KeyPress、KeyUp。

4. 键盘的_____事件和_____事件可以识别控制键(Ctrl、Alt、Shift)、功能键、编辑键等。

【解析】 键盘的 KeyDown 事件和 KeyUp 事件可以识别控制键(Ctrl、Alt、Shift)、功能键、编辑键等。因此正确答案是:KeyDown、KeyUp。

5. 弹出上下文菜单的语句 PopupMenu 通常被放在鼠标的_____内执行。

【解析】 弹出上下文菜单的语句 PopupMenu 方法可以添加到对象的 MouseDown 与 MouseUp 事件中,多数情况下被添加到对象的 MouseUp 事件中。因此正确答案是:MouseUp。

6. 在窗体上有一个名称为 Text1 的文本框,要求文本框只能接收大写字母的输入。请在下面程序的空格里填入正确的代码。

```
Private Sub Text1_KeyPress(KeyAscii As Integer)
    If _____ Then
    MsgBox "请输入大写字母"
    KeyAscii=0
    End If
End Sub
```

【解析】 KeyPress 事件可以判断输入的字母大小写,大写英文字母的 ASCII 码为 65~90,因此正确答案是:KeyAscii<65 or KeyAscii>90。

7. 窗体的_____属性为"真"时,窗体先于窗体内其他控件截获键盘事件并执行窗体的键盘事件过程。

【解析】 窗体有一个属性为 KeyPreview,当该属性设置为真时,窗体将截获所有在该窗体的控件上产生的键盘事件过程,此时窗体上其他对象的键盘事件被屏蔽。因此正确答案是：KeyPreview。

8. 在控件上按下或抬起鼠标按键时,触发该控件的_____事件或_____事件,在控件上移动鼠标,触发控件的_____事件。

【解析】 在控件上按下或抬起鼠标按键时,触发该控件的 MouseDown 或 MouseUp 事件,在控件上移动鼠标,触发控件的 MouseMove 事件。因此正确答案是：MouseDown、MouseUp、MouseMove。

9. 窗体上有一个图像框 Image1,利用下面的程序代码使得当鼠标经过图像框时显示沙漏图案。

_____=vbHourglass

【解析】 Visual Basic 通过对象的 MousePointer 属性来设置鼠标在该对象上方时鼠标的形状。其语法为：

object.MousePointer [=value]

其中 value 的取值参考如表 1-12-1 所示的 MousePointer 属性的常用值与含义。

表　1-12-1

常　　量	值	形　　状
vbDefault	0	默认值,由对象决定的形状
vbArrow	1	箭头
vbCross	2	十字线
vbIbeam	3	型标
vbIcon	4	图标(正方形里的小方块)
vbSize	5	尺寸线
vbSizeNESW	6	右上-左下尺寸线
vbSizeNS	7	垂直尺寸线
vbSizeNWSE	8	左上-右下尺寸线
vbSizeEW	9	水平尺寸线
vbUpArrow	10	向上箭头
vbHourglass	11	沙漏
vbNoDrop	12	不允许放下
vbArrowHourglass	13	箭头和沙漏
vbArrowQuestion	14	箭头和问号
vbSizeAll	15	四向尺寸线
vbCustom	99	MouseIcon 属性指定的自定义图标

因此正确答案是：Image1.MousePointer。

10. 窗体内包含一个文本框 Text1 与一个列表框 List1,用鼠标左键拖动文本框至列表框,将把文本框内的文字复制到列表框内。请给下面程序空白处填入适当程序代码(文本框 Text1 的 DragMode 属性保持默认值 0)。

```
Private Sub Text1_MouseDown(Button As Integer, Shift As Integer, X As Single, Y As
Single)
```

```
   If Button=1 Then
      _____
   End If
End Sub
Private Sub List1_DragDrop(Source As Control, X As Single, Y As Single)
   List1.AddItem _____
End Sub
```

【解析】 依题意,在文本框上按下鼠标左键时,启动 Text1 的拖放,因此在 Text1 的 MouseDown 事件中判断 Button 值为 1(表示鼠标左键按下)时执行代码 Text1.Drag。在将文本框拖动到列表框 List1 并释放鼠标时,将激活 List1 的 DragDrop 事件,事件中的 Source 参数表示被释放的对象,即 Text1,因此在 DragDrop 的空白处规范的代码是 Source.Text。因此正确答案是:Text1.Drag、Source.Text。

12.2 自测练习题

一、选择题

1. 窗体上有一个文本框 Text,下面_____事件过程可以在用户输入按键时自动将输入字符的英文字符转换为大写形式。

A)
```
Private Sub Text1_KeyPress (KeyAscii As Integer)
    KeyAscii=UCase(KeyAscii)
End Sub
```

B)
```
Private Sub Text1_KeyPress (KeyAscii As Integer)
   KeyAscii=Asc(UCase(Chr(KeyAscii)))
End Sub
```

C)
```
Private Sub Text1_KeyPress (KeyAscii As Integer)
   KeyAscii=UCase(Chr(KeyAscii))
End Sub
```

D)
```
Private Sub Text1_KeyPress (KeyAscii As Integer)
   KeyAscii=Asc((Chr(KeyAscii))
End Sub
```

2. 下面_____事件过程能够捕获用户输入的回车键。

A)

```
Private Sub Text1_KeyPress(KeyCode As Integer, Shift As Integer)
    If KeyCode=13 Then
      MsgBox "用户输入了回车键。"
    End If
End Sub
```

B)

```
Private Sub Text1_KeyDown(KeyAscii As Integer)
    If KeyCode=13 Then
      MsgBox "用户输入了回车键。"
    End If
End Sub
```

C)

```
Private Sub Text1_KeyPress(KeyAscii As Integer)
    If KeyCode=13 Then
      MsgBox "用户输入了回车键。"
    End If
End Sub
```

D)

```
Private Sub Text1_KeyDown(KeyCode As Integer, Shift As Integer)
    If KeyCode=13 Then
      MsgBox "用户输入了回车键。"
    End If
End Sub
```

3. 下面的事件过程中，_____不是鼠标事件过程。

A) DblClick   B) MouseDown

C) DragOver   D) MousePointer

4. 下面事件过程能够检测到用户按下回车键的是_____。

A) KeyPress   B) KeyUp

C) Click   D) DragDrop

5. Visual Basic 通过对象的_____属性来设置当鼠标位于该对象上方时鼠标显示的形状。

A) MousePointer   B) IconPointer

C) Pointer   D) Mouse

二、填空题

1. 应用程序运行时用户可以通过键盘或鼠标与程序进行交互、控制应用程序的运行。Visual Basic 提供了一系列_____来响应用户的键盘与鼠标操作。

2. 在 Visual Basic 中键盘事件过程包括_____事件、_____事件和_____事件。

3. KeyPress 事件过程相应用户的按键操作,并通过 KeyAscii 参数返回用户按键的 ASCII 码值。因此 KeyPress 事件过程_____(填写:能够/不能)区分用户输入英文字母的大小写信息。

4. 能够得到用户输入回车键、控制键、功能键以及区分大、小键盘按键信息的键盘事件过程是_____事件过程与_____事件过程。

5. 鼠标事件过程包括 Click 与 DblClick 事件过程、MouseDown 与 MouseUp 事件过程、MouseMove 事件过程、_____与_____事件过程等。

12.3　自测练习题答案

一、选择题

1	2	3	4	5
B	D	D	B	A

二、填空题

1. 事件过程
2. KeyPress　　KeyDown　　KeyUp
3. 能够
4. KeyDown　　KeyUp
5. DragDrop　　DragOver

第二篇

Visual Basic 程序设计实验

实验 1.1 窗体及控件

本实验是针对教材第 3 章的实验。

一、实验目的

(1) 了解 Visual Basic 的集成开发环境。

(2) 学会利用属性窗口和代码设置对象属性。

(3) 掌握常量的分类、变量的命名规则和定义方法。

(4) 掌握数据输出 Print 方法的使用。

(5) 掌握 InputBox 和 MsgBox 的使用。

(6) 学会使用窗体和常用控件的常用属性、事件和方法。

二、实验要求及实验内容

(1) 熟练使用 Visual Basic 程序设计开发环境。

(2) 学会使用属性窗口和代码窗口设置对象属性。

(3) 掌握 Print 方法、InputBox 和 MsgBox 函数的使用。

(4) 掌握窗体和常用控件的常用属性、事件和方法的使用和设置。

三、实验方法及示例

1. 实验方法

启动 Visual Basic 应用程序,新建一个工程,屏幕上将显示一个窗体,默认的名称为 Form1。从工具箱中选择控件,向窗体中添加控件,在属性窗口设置窗体和各个控件的属性。在代码编辑窗口编写相应的事件过程代码。

2. 实验示例

示例 1

在名称为 Form1 的窗体上画两个标签（名称分别为 Label1 和 Label2，标题分别为

图 2-1-1 程序运行后的窗体

"身高"、"体重"）、两个文本框（名称分别为 Text1 和 Text2，Text 属性均为空白）和一个命令按钮（名称为 Command1，标题为"输入"）。然后编写命令按钮的 Click 事件过程，程序运行后，如果单击命令按钮，则先后显示两个输入对话框，在两个输入对话框中分别输入身高和体重，并分别在两个文本框中显示出来，运行后的窗体如图 2-1-1 所示。要求程序中不得使用变量。

注意：存盘时必须存放在"示例"文件夹下（自己创建），工程文件名为 exp1-1.vbp，窗体文件名为 exp1-1.frm。

【操作步骤】

（1）建立用户界面。

启动 Visual Basic 应用程序，新建一个工程。单击"文件"菜单中的"新建工程"命令，打开"新建工程"对话框，双击该对话框中的"标准 EXE"图标。在新建的窗体上画两个标签、两个文本框和一个命令按钮。

（2）设置窗体和控件的属性。

单击属性窗口（或按 F4 键）激活属性窗口。选中标签 1，在属性窗口将其名称属性设为 Label1，标题（Caption）属性设为"身高"。选中标签 2，在属性窗口将其名称属性设为 Label2，标题（Caption）属性设为"体重"。选中文本框 1，在属性窗口将其名称属性设为 Text1，文本（Text）属性设为空白。选中文本框 2，在属性窗口将其名称属性设为 Text2，文本（Text）属性设为空白。选中命令按钮，在属性窗口将其名称属性设为 Command1，标题属性设为"输入"。

（3）编写代码。

在窗体中双击 Command1 按钮进入程序代码窗口，如图 2-1-2 所示。或执行"视图"菜单中的"代码窗口"命令，在左边对象框下拉列表中选择"Command1"，右边事件框下拉列表中选择"Click"。然后编写代码：

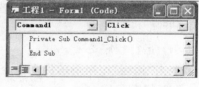

图 2-1-2

```
Text1.Text=InputBox("请输入身高")
Text2.Text=InputBox("请输入体重")
```

（4）运行程序。

单击"运行"菜单下的启动命令，或按 F5 键，弹出输入对话框，输入 178，确定后会弹出另一个输入对话框，输入 85 后，单击确定，就完成本题的编写与调试。

（5）保存程序。

单击"文件"菜单下的"保存工程"命令，打开"工程另存为"对话框。在该对话框

中，"保存在"栏内选择"示例"文件夹"保存类型"栏内选择"工程文件(＊.vbp)"，"文件名"栏内输入"exp1-1"，单击"保存"。此时"文件另存为"对话框"保存类型"栏内选择"窗体文件(＊.frm)"，"文件名"栏内输入"exp1-1"。这样程序就按照题目的要求完成了。

示例 2

在名称为 Form1 的窗体上画一个名称 Shape1 的形状控件，画一个名称为 L1 的列表框，并在属性窗口中设置列表项的值为 1、2、3、4、5。将窗体的标题设为"图形控件"。单击列表框中的某一项，则按照所选的值改变形状控件的形状。例如，Option3，则形状控件被设为圆形，如图 2-1-3 所示。

图　2-1-3

要求：程序中不得使用任何变量，每个事件过程中只能写一条语句。存盘时必须存放在"示例"文件夹下，工程文件名为 exp1-2.vbp，窗体文件名为 exp1-2.frm。

【操作步骤】

(1) 建立用户界面。

启动 Visual Basic 应用程序，新建一个工程。单击"文件"菜单中的"新建工程"命令，打开"新建工程"对话框，双击该对话框中的"标准 EXE"图标。在新建的窗体上画形状控件，画一个列表框。

(2) 设置窗体和控件的属性。

单击属性窗口(或按 F4 键)激活属性窗口。选中窗体，将窗体的标题属性设为"图形控件"。选中形状控件，在属性窗口将其名称属性设为 shape1。选中列表框，在属性窗口将其名称属性设为 L1，设置 list 属性值为 1、2、3、4、5。

(3) 编写代码。

在窗体中双击 L1 按钮进入程序代码窗口。或执行"视图"菜单中的"代码窗口"命令，在左边对象框下拉列表中选择 L1，右边事件框下拉列表中选择 Click。然后编写代码：

```
Private Sub L1_Click()
    Shape1.Shape=L1.Text
End Sub
```

(4) 运行程序。

单击"运行"菜单下的启动命令，或按 F5 键进行运行调试。

(5) 保存程序。

单击"文件"菜单下的"保存工程"命令，打开"工程另存为"对话框。在该对话框中，"保存在"栏内选择"示例"文件夹"保存类型"栏内选择"工程文件(＊.vbp)"，"文件名"栏内输入 exp1-2，单击"保存"。此时"文件另存为"对话框"保存类型"栏内选择"窗体文件(＊.frm)"，"文件名"栏内输入 exp1-2。这样程序就按照题目的要求完成了。

四、实验作业

第 1 题

在名称为 Form1 的窗体上画一个标签,其名称为 Label1,标题为"程序设计",BorderStyle 属性为 1,且可根据标题自动调整大小,编写适当的事件过程。程序运行后,其界面如图 2-1-4 所示,此时如果单击窗体,则标签消失,同时用标签的标题作为窗体的标题,如图 2-1-5 所示。

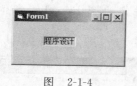
图　2-1-4

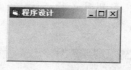
图　2-1-5

注意:程序中不得使用变量。存盘时必须存放在 1 号文件夹下(文件夹由学生自己创建),工程文件名为 sjt1-1. vbp,窗体文件名为 sjt1-1. frm。

第 2 题

在名称为 Form1 的窗体上画一个命令按钮,其名称为 C1,标题为"移动",位于窗体的左上部,如图 2-1-6 所示,编写适当的事件过程。程序运行后,每单击一次窗体,都使得命令按钮同时向右、向下移动 100。程序的运行情况如图 2-1-7 所示。

图　2-1-6

图　2-1-7

要求:不得使用任何变量。存盘时必须存放在 2 号文件夹下,工程文件名为 sjt1-2. vbp,窗体文件名为 sjt1-2. frm。

第 3 题

在名称为 Form1 的窗体上画一个标签(名称为 Label1,标题为"输入信息")、一个文本框(名称为 Text1,Text 属性为空白)和一个命令按钮(名称为 Command1,标题为"显示"),如图 2-1-8 所示。然后编写命令按钮的 Click 事件过程。程序运行后,在文本框中输入"计算机等级考试",然后单击命令按钮,则标签和文本框消失,并在窗体上显示文本框中的内容。运行后的窗体如图 2-1-9 所示。要求程序中不得使用任何变量。

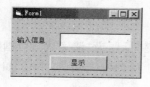
图　2-1-8

图　2-1-9

注意：存盘时必须存放在 3 号文件夹下,工程文件名为 sjt1-3.vbp,窗体文件名为 sjt1-3.frm。

第 4 题

在名称为 Form1 的窗体上画两个标签(名称分别为 Label1 和 Label2,标题分别为"姓名"和"年龄")、两个文本框(名称分别为 Text1 和 Text2,Text 属性均为空白)和一个命令按钮(名称为 Command1,标题为"显示")。然后编写命令按钮的 Click 事件过程。程序运行后,在两个文本框中分别输入姓名和年龄,然后单击命令按钮,则在窗体上显示两个文本框中的内容,如图 2-1-10 所示。要求程序中不得使用变量。

注意：存盘时必须存放在 4 号文件夹下,工程文件名为 sjt1-4.vbp,窗体文件名为 sjt1-4.frm。

图 2-1-10

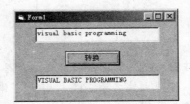
图 2-1-11

第 5 题

在名称为 Form1 的窗体上画一个命令按钮,其名称为 C1,标题为"转换";然后再画两个文本框,其名称分别为 Text1 和 Text2,初始内容均为空白,编写适当的事件过程。程序运行后,在 Text1 中输入一行英文字符串,如果单击命令按钮,则 Text1 文本框中的字母变为小写,而 Text2 中的字母都变为大写。例如,在 Text1 中输入 Visual Basic Programming,则单击命令按钮后,结果如图 2-1-11 所示。要求程序中不得使用变量。

注意：存盘时必须存放在 5 号文件夹下,工程文件名为 sjt1-5.vbp,窗体文件名为 sjt1-5.frm.。

第 6 题

在名称为 Form1 的窗体上画两个文本框,其名称分别为 Text1、Text2,它们的高、宽分别为 300、2400 和 1200、2400。窗体的标题为"窗口"。请通过属性窗口设置适当的属性满足以下要求：

(1) Text2 可以显示多行文件,且有垂直和水平两个滚动条;

(2) 运行时在 Text1 中输入的字符都显示为"＊"。

运行后的窗体如图 2-1-12 所示。

注意：存盘时必须存放在 6 号文件夹下,工程文件名为 sjt1-6.vbp,窗体文件名为 sjt1-6.frm。

第 7 题

在名称为 Form1 的窗体上画一个名称为 L1 的标签,标题为"请确认";再画两个命令按钮,名称分别为 C1、C2,标题分别为"是"、"否",高均为 300、宽均为 800。如图 2-1-13 所示。

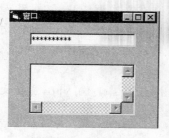

图　2-1-12

图　2-1-13

请在属性窗口中设置适当属性满足以下要求：

（1）窗体标题为"确认"，窗体标题栏上不显示最大化和最小化按钮。

（2）在任何情况下，按回车键都相当于单击"是"按钮；按 Esc 键都相当于单击"否"按键。

注意：存盘时必须存放在 7 号文件夹下，工程文件名为 sjt1-7.vbp，窗体文件名为 sjt1-7.frm。

第 8 题

在名称为 Form1 的窗体上画一个名称为 Frame1、标题为"框架"的框架，在框架内添加两个名称分别为 Option1、Option2 的单选按钮，其标题分别为"第一项"、"第二项"。要求通过设置控件的"第二项"设置为被选中，框架为不可用。运行程序后的窗体如图 2-1-14 所示。

注意：存盘时必须存放在 8 号文件夹下，工程文件名为 sjt1-8.vbp，窗体文件名为 sjt1-8.frm。

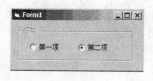

图　2-1-14

图　2-1-15

第 9 题

在 Form1 的窗体上画一个文本框，名称为 Text1，Text 属性为空白。再画一个列表框，名称为 L1，通过属性窗口向列表框中添加 4 个项目，分别为 AAAA、BBBB、CCCC 和 DDDD，编写适当的事件过程。程序运行后，在文本框中输入一个字符串，如果双击列表框中的任一项，则把文本框中的字符串添加到列表框中。程序的运行情况如图 2-1-15 所示。

注意：存盘时必须存放在 9 号文件夹下，工程文件名为 sjt1-9.vbp，窗体文件名为 sjt1-9.frm。

第 10 题

在名称为 Form1 的窗体上画一个文本框，其名称为 Text1，初始内容为空白；然后再画三个单选按钮，其名称分别为 Op1、Op2 和 Op3，标题分别为北京、西安和杭州，编写适当的事件过程。程序运行后，如果选择单选按钮 Op1，则在文本框中显示"颐和园"；如果选择单选按钮 Op2，则在文本框中显示"兵马俑"；如果选择单选按钮 Op3，则在文本框中显示"西湖"。程序的运行情况如图 2-1-16 所示。要求程序中不得使用任何变量，事件过程中只能写一条语句。

注意：存盘时必须存放在 10 号文件夹下，工程文件名为 sjt1-10.vbp，窗体文件名为 sjt1-10.frm。

图 2-1-16

图 2-1-17

第 11 题

在名称为 Form1 的窗体上画一个文本框，名称 Text1，其初始内容为 0；画一个命令按钮，名称为 C1，标题为"开始计数"；再画一个名称 T1 的计时器。要求在开始运行时不计数，单击"开始计数"按钮后，则使文本框中的数每秒加 1，方法是：把计时器的相应属性设置为适当值，在计时器的适当的事件过程中加入语句：Text1.Text1＝Text1.Text＋1；并在命令按钮的适当事件过程中加入语句：T1.Enabled＝True 即可。运行时的窗体如图 2-1-17 所示。

注意：存盘时必须存放在 11 号文件夹下，工程文件名为 sjt1-11.vbp，窗体文件名为 sjt1-11.frm。

第 12 题

在标题为"列表框"、名称为 Form1 的窗体上画一个名称为 List1 列表框，通过属性窗口输入四个列表项："数学"、"语文"、"历史"、"地理"，列表项采用"复选框形式"，如图 2-1-18 所示。列表框的宽为 1100，高不限。

注意：存盘时必须放在 12 号文件夹下，工程文件名为 sjt1-12.vbp，窗体文件名为 sjt1-12.frm。

图 2-1-18

图 2-1-19

第 13 题

在名称为 Form1 的窗体上画两个文本框，名称分别为 Text1、Text2；再画一个命令按钮，名称为 Command1，标题为"选中字符数是"。程序运行时，在 Text1 中输入若干字符，选中部分内容后，单击"选中字符数是"按钮，则在 Text2 中显示选中的字符个数，如图 2-1-19 所示。请编写按钮的 Click 事件过程。

要求：程序中不得使用任何变量，事件过程中只能写一条语句。

注意：存盘时必须存放在 13 号文件夹下，工程文件名为 sjt1-13.vbp，窗体文件名为
sjt1-13.frm。

第 14 题

在名称为 Form1 的窗体上画一个图片框（名称为 Picture1）、一个垂直滚动条（名称为
Vscroll1）和一个命令按钮（名称为命令，标题为"设置属性"），通过属性窗口在图片框中
装入一个图形（文件名为 pic1.jpg，位于"指定盘\VB 程序设计实验素材\实验 1.1"文件
夹下），图片框的宽度与图形的宽度相同，图片框的高度任意，如图 2-1-20 所示。编写适
当的事件过程实现。程序运行后，如果单击命令按钮，则设置垂直滚动条的如下属性：

```
Min            100
Max            2400
LargeChange    200
SmallChange    20
```

之后就可以通过移动滚动条上的滚动块来放大或缩小图片框的高度。运行后的窗体
如图 2-1-21 所示。要求程序中不得使用变量。

图　2-1-20

图　2-1-21

注意：存盘时必须存放在 14 号文件夹下，工程文件名为 sjt1-14.vbp，窗体文件名为
sjt1-14.frm 保存。

第 15 题

在名称为 Form1 的窗体上画一个名称为 Lable1 的标签，其初始内容为空，且能根据
指定的标题内容自动调整标签的大小；再画两个命令按钮，标题分
别是"日期"和"时间"，名称分别为 Command1、Command2。请编写
两个命令按钮的 Click 事件过程，使得单击"日期"按钮时，标签内显
示系统当前日期；单击"时间"按钮时，标签内显示系统当前时间。
如图 2-1-22 所示。

图　2-1-22

要求：程序中不得使用任何变量，每个事件过程只能写一条
语句。

注意：存盘时必须存放在 15 号文件夹下，工程文件名为 sjt1-15.vbp，窗体文件名为
sjt1-15.frm。

五、实验重点

(1) 掌握 Visual Basic 应用程序的结构。

(2) 理解可视化编程方法和事件驱动的编程机制。

(3) 熟练使用 Visual Basic 集成化开发环境。

(4) 熟练使用属性窗口和代码窗口设置控件的属性。

(5) 掌握 Print 方法、InputBox 与 MsgBox 的使用。

(6) 掌握窗体、常用控件的属性、事件和方法。

六、实验难点

(1) 掌握 Print 方法、InputBox 与 MsgBox 函数的使用。

(2) 掌握常用控件列表框、组合框、滚动条、计时器等控件的属性、事件和方法。

实验 1.2　Visual Basic 控制结构

本实验是针对教材第 4 章的实验。

一、实验目的

(1) 熟悉选择结构程序设计,灵活运用相关语句结构。

(2) 熟悉循环结构程序设计,灵活运用各种循环语句和结构。

二、实验要求及内容

(1) 掌握单分支与双分支条件语句的使用。

(2) 掌握多分支条件语句的使用。

(3) 掌握 For 语句的使用。

(4) 掌握 Do 语句的各种形式的使用。

(5) 掌握 While…Wend 语句的使用。

(6) 掌握多重循环的运用。

三、实验方法及示例

1. 实验方法

启动应用程序,打开题目所提供的素材文件,按照实验操作的要求,添加相应的控件并设置控件相应的属性值。在代码窗口编写或修改相应的程序代码。最后,按照实验要求的文件名进行保存。

2. 实验示例

在"指定盘\VB程序设计实验素材\实验1.2\示例"文件夹下有一个工程文件 exp2. vbp,窗体上有两个标题分别为"添加"和"退出"的命令按钮;一个内容为空的列表框 List1。请画一个标签,其名称为 Lable1,标题为"请输入编号";再画一个名称为 Text1,初始值为空的文本框,如图 2-1-23 所示。程序功能如下:

图　2-1-23

（1）系统启动时,自动向列表框添加一个编号信息 a0001。

（2）系统运行时,在文本框 Text1 中输入一个编号,并单击"添加"按钮时,如果该编号与已存在在于列表框中的其他编号不重复,则将其添加到列表框 List1 已有项目之后;否则,将弹出"不允许重复输入,请重新输入!"对话框,单击该对话框中的"确定"按钮,可以重新输入。

（3）单击"退出"按钮,则结束程序运行。

要求:请去掉程序中的注释符,把程序中的"?"改为正确的内容,使其实现上述功能,但不能修改窗体文件中已经存在的控件和程序。最后把修改后的文件按原文名存盘。

【操作步骤】

（1）打开指定的程序文件。

启动 Visual Basic 应用程序,打开应用程序。单击"文件"菜单中的"打开工程"命令,打开"打开工程"对话框,选择"指定盘\VB程序设计实验素材\实验1.2\示例"文件夹下的 exp2.vbp 文件,如图 2-1-14 所示。然后单击"打开"。

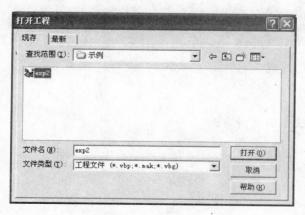

图　2-1-24

（2）添加控件并设置相应的属性。

打开窗体 Form1,窗体界面如图 2-1-25 所示。参照图 2-1-23,在窗体上添加一个标签,在属性窗口将其名称属性设为 Lable1,标题属性设为"请输入编号";再添加一个文本框,将名称属性设为 Text1,text 属性设为空。

（3）编写代码并调试。

单击"资源管理器"上的"查看代码"按钮，出现题目已给出的代码。如图 2-1-26 所示。根据题目的要求，经过认真分析。

图　2-1-25　　　　　　　　　　　　　图　2-1-26

第一个问号行应改成：

```
List1.List(0)="a0001"
```

第二个问号行应改成：

```
List1.ListCount-1
```

第三个问号行应改成：

```
i
```

第四个问号行应改成：

```
List1.List(ListCount-1)=
```

第五个问号行应改成：

```
End
```

程序代码窗口完整的代码为：

```
Private Sub Form_Load()
  List1.List(0)="a0001"
End Sub
Private Sub Command1_Click()
  For i=0 To List1.ListCount-1
   List1.ListIndex=i
    If List1.Text=Text1.Text Then
        MsgBox "不允许重复输入,请重新输入!"
        Exit Sub
    End If
  Next i
```

—————— Visual Basic 程序设计习题与实验指导

```
    List1.List(ListCount-1)=Text1.Text
    Text1.Text=""
End Sub
Private Sub Command2_Click()
    End
End Sub
```

按 F5 键,运行并调试正确,符合题意的要求。

（4）保存程序。

单击"文件"菜单下的"保存工程"命令,即把修改后的文件按原文名存盘。

四、实验作业

第 1 题

在"指定盘\VB 程序设计实验素材\实验 1.2\1"文件夹下有一个工程文件 sjt2-1. vbp,包含了所有控件和部分程序。程序运行时,在文本框中每输入一个字符,则立即判断:若是小写字母,则把它的大写形式显示在 Lebe11 中;若是大写字母,则把它的小写形式显示在 Lebe11 中,若是其他字符,则把该字符直接显示在 Label1 中。输入的字母总数则显示在标签 Lebe12 中,如图 2-1-27 所示。

图 2-1-27

要求:去掉程序中的注释符,把程序中的"?"改为正确的内容。

注意:不得修改已经存在的程序,最后把修改后的文件按原文件名存盘。

第 2 题

在"指定盘\VB 程序设计实验素材\实验 1.2\2"文件夹下有一个工程文件 sjt2-1. vbp,其中的窗体中有一个名为 Text1 的文本框,初始内容为 0;一个标签;一个计时器;一个有两个元素的单选按钮数组,名称为 Op1,标题依次为"1 秒"、"3 秒";两个命令按钮,名称分别为 C1、C2,标题分别为"开始计数"、"停止计数",同时给出了两个事件过程,但并不完整。在运行时要完成下面的功能:

单击一个单选按钮,可以设置时间间隔为 1 秒或 3 秒;单击"开始计数",则 Text1 中的数按设定的计时间隔每次加 1;单击"停止计数",则 Text1 中的数不再变化。

请按下面的要求设置属性和编写程序,以便实现上述功能:

（1）设置计时器的属性,使其在初始状态下不计时;

（2）去掉程序中的注释符,把程序中的"?"改为正确的内容;

（3）为两个命令按钮编写适当的事件过程,每个事件过程中只能写一条语句,不能使用变量。

注意:不能修改程序中的其他部分和控件的属性。最后把修改后的文件按原文件名存盘。

第 3 题

在"指定盘\VB 程序设计实验素材\实验 1.2\3"文件夹下有一个工程 sjt2-3. vbp,相应的窗体文件为 sjt2-3. frm。在窗体上有一个命令按钮,其名称为 Command1,标题为"计算并输出"。程序运行后,如果单击命令按钮,程序将计算 500 以内两个数之间(包括开头和结尾的数)所有连续数的和为 1250 的正整数,并在窗体显示出来。这样的数有多组,程序输出每组开头和结尾的正整数,并用"～"连接起来,如图 2-1-28 所示。该程序不完整,请把它补充完整。

图　2-1-28

要求:去掉程序中的注释符,把程序中的"?"改为正确内容,使其能正确运行,但不能修改程序中的其他部分。最后用原来的文件名保存工程文件和窗体文体。

第 4 题

在"指定盘\VB 程序设计实验素材\实验 1.2\4"文件夹下有一个工程文件 sjt2-4. vbp,相应的窗体文件为 sjt2-4. frm。在窗体上有一个文本框,其名称为 Text1;另有一个命令按钮,其名称为 Command1,标题为"计算/输出"。程序运行后,如果单击命令按钮,则显示一个输入对话框,在该对话中输入 n 的值,然后单击"确定"按钮,即可计算

$$1+(1+2)+(1+2+3)+\cdots+(1+2+3+\cdots+n)$$

的值,并把结果在文本框中显示出来,如图 2-1-19 所示。

注意:去掉程序中的注释符,把程序中的"?"改为正确的内容,使其实现上述功能,但不能修改程序中的其他部分。最后修改后的文件按原文件名存盘。

图　2-1-29

图　2-1-30

第 5 题

在"指定盘\VB 程序设计实验素材\实验 1.2\5"文件夹下有一个工程文件 sjt2-5. vbp,要求程序运行后,如果多次单击列表框中的项,则可同时选择这些项。而如果单击"显示"按钮,则在窗体上输出所有选中的列表项,如图 2-1-30 所示。

要求:修改列表框的适当属性,使得运行时可以多选,并去掉程序中的注释符,把程序中的"?"改为正确的内容,使其实现上述功能,但不得修改程序中的其他部分。最后把修改后的程序以原来的文件名存盘。

第 6 题

在"指定盘\VB 程序设计实验素材\实验 1.2\6"文件夹下有一个工程文件 sjt2-6. vbp,窗体上有两个文本框、三个单选按钮和一个命令按钮。运行时,在 Text1 中输入若

干个大写和小写字母,并选中一个单选按钮,再单击"转换"按钮,则按选中的单选按钮的标题进行转换,结果放入 Text2,如图 2-1-31 所示。

在给出的窗体文件中已经给出了全部控件,但程序不完整。

要求:去掉程序中的注释符,把程序中的"?"改为正确的内容。

注意:不能修改程序中的其他部分。最后把修改后的文件按原文件名存盘。

图　2-1-31

第 7 题

在"指定盘\VB 程序设计实验素材\实验 1.2\7"文件夹下有一个工程 sjt2-7.vbp。在其窗体中"待选城市"下的 List1 列表框中有若干个城市名称。程序运行时,选中 List1 中若干个列表项,如图 2-1-32(a)所示,单击"选中"按钮则把选中的项目移到"选中城市"下的列表框中,单击"显示",则在 Text1 文本框中显示这些选中的城市,如图 2-1-32(b)所示。实验素材已经给出了所有控件和程序,但程序不完整。

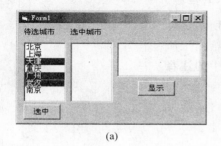
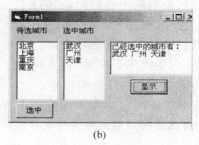

(a)　　　　　　　　　　　　(b)

图　2-1-32

第 8 题

在"指定盘\VB 程序设计实验素材\实验 1.2\8"文件夹下有一个工程文件 sjt2-8.vbp,其窗体如图 2-1-33 所示。该程序用来对在上面的文本框中输入的英文字母串(称为"明文")加密,加密结果(称为"密文")显示在下面的文本框中。加密的方法是:选中一个单选按钮,单击"加密"按钮后,根据选中的单选按钮后面的数字 n,把明文中的每个字母改为它后面的第 n 个字母("z"后面的字母认为是"a","Z"后面的字母认为是"A"),如图 2-1-33 所示。窗体中已经给出了所有控件和程序,但程序不完整,请去掉程序中的注释,把程序中的"?"改为正确的内容。

注意:不能修改程序中的其他部分和控件的属性。最后把修改后的文件按原文件名存盘。

第 9 题

在"指定盘\VB 程序设计实验素材\实验 1.2\9"文件夹下有一个工程文件 sjt2-9.vbp。程序运行时,单击窗体则显示如图 2-1-34 所示的图案。请去掉程序中的注释符,把程序中的"?"改为正确的内容。

 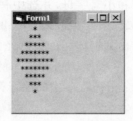

图　2-1-33　　　　　　　　　　　　　　图　2-1-34

注意：不能修改程序中的其他部分和控件属性。最后把修改后的文件按原文件名存盘。

第 10 题

在"指定盘\VB 程序设计实验素材\实验 1.2\10"文件夹下有一个工程文件 sjt2-10.vbp，窗体中有一个矩形和一个圆，程序运行时，单击"开始"按钮，圆可以纵向或横向运行（通过选择单选按钮来决定），碰到矩形的边时，则向相反方向运行，单击"停止"按钮，则停止运行，如图 2-1-35 所示。可以选择单选按钮随时改变运动方向。已经给出了所有控件和程序，但程序不完整，请去掉程序中的注释符，把程序中的"?"改为正确的内容。

注意：不得修改窗体文件中已存在的内容和控件属性，最后把修改后的文件按原文件名存盘。

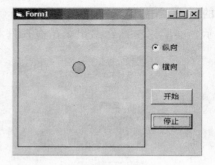

图　2-1-35

五、实验重点

（1）单分支与双分支条件语句的使用。
（2）多分支条件语句的使用。
（3）For 语句的灵活应用。
（4）Do 语句的灵活应用。

六、实验难点

（1）多分支语句的灵活应用。
（2）条件语句的嵌套使用。
（3）For 语句的嵌套应用。
（4）不同形式的 Do 语句的应用。
（5）选择和循环嵌套的运用。

实验 1.3 数   组

本实验是针对教材第 5 章的实验。

一、实验目的

(1) 掌握数组的概念、数组的声明及数组元素的引用。
(2) 掌握静态数组的使用。
(3) 掌握动态数组的使用。
(4) 掌握控件数组的使用。
(5) 应用数组解决批量数据处理的常用算法。

二、实验要求及内容

(1) 一维数组、二维数组的声明和使用方法。
(2) 动态数组的声明和使用方法。
(3) 数组元素的输入、输出、复制等基本操作。
(4) 创建控件数组及使用。
(5) 学会 For Each…Next 语句的用法。
(6) 学会记录类型变量的声明及使用方法。

三、实验方法及示例

1. 实验方法

数组是程序设计中使用最多的数据结构,离开数组,程序的编制会很麻烦。特别是将循环控制结构和数组结合使用,可大大简化编程的工作量。在使用数组时,必须要掌握数组下标的引用、搞清下标与循环控制变量之间的关系。

2. 实验示例

打开"指定盘\VB 程序设计实验素材\实验 1.3\示例"文件夹,在此文件夹下有一个工程文件 sjt5.vbp,其窗体上画有两个名称分别为 Text1、Text2 的文本框,其中 Text1可 多 行 显 示。请 画 两 个 名 称 分 别 为 Command1、Command2,标题为"产生数组"、"查找"的命令按钮。如图 2-1-36 所示。

程序功能如下:

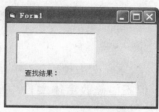

图 2-1-36

（1）单击"产生数组"按钮，则用随机函数产生 10 个 0～100 之间（不含 0 和 100）互不相同的数值，并将它们保存到一维数组 a 中，同时将这 10 个数值显示在 Text1 文本框内。

（2）单击"查找"按钮将弹出输入对话框，接收用户输入的任意一个数，并在一维数组 a 中查找该数，若查找失败，则在 Text2 文本框中显示该数"不存在于数组中"；否则给出该数在数组中的位置。

提供的源代码如下：

```
Option Base 1
Dim a(10)
Private Sub Command1_Click()
    Text1.Text="":      Text2.Text=""
    For i=1 To 10
'       a(i)=Fix(Rnd *   ?   +1)
'       For j=1 To   ?
         If a(i)=a(j) Then
'             i=?
              Exit For
         End If
       Next j
    Next i
    For i=1 To 10
       Text1.Text=Text1.Text+Str(a(i))+Space(2)
    Next i
End Sub

Private Sub Command2_Click()
    Dim num As Integer, i As Integer
    num=InputBox("请输入待查找的数")
    For i=1 To 10
'       If a(i) =   ?   Then
          Text2.Text=Str(num)+"是数组中的第"+Str(i)+"个值"
          Exit For
       End If
    Next i
'   If   ?   >10 Then
       Text2.Text=Str(num)+"不存在于数组中"
    End If
End Sub
```

要求：请去掉程序中的注释符，把程序中的"？"改为正确的内容，使其实现上述的功能，但不能修改窗体文件中已经存在的控件和程序。最后把修改后的文件按原文件名存盘。

【操作步骤】

（1）在 Visual Basic 集成环境中选择"文件"菜单中的"打开工程"命令项,在对话框中选择指定路径下的工程文件 sjt5.vbp,单击"打开"按钮打开文件。

（2）在窗体上添加两个名称分别为 Command1、Command2 的命令按钮,再分别设置按钮的 Caption 属性为"产生数组"和"查找"。

（3）完善代码。

```
Option Base 1
Dim a(10)
Private Sub Command1_Click()
    Text1.Text="":     Text2.Text=""
    For i=1 To 10
    a(i)=Fix(Rnd*99+1)
      For j=1 To 10
         If a(i)=a(j) Then
             i=j
             Exit For
         End If
      Next j
    Next i
    For i=1 To 10
        Text1.Text=Text1.Text+Str(a(i))+Space(2)
    Next i
End Sub
Private Sub Command2_Click()
    Dim num As Integer, i As Integer
    num=InputBox("请输入待查找的数")
    For i=1 To 10
        If a(i)=num Then
            Text2.Text=Str(num)+"是数组中的第"+Str(i)+"个值"
            Exit For
        End If
    Next i
    If i>10 Then
        Text2.Text=Str(num)+"不存在于数组中"
    End If
End Sub
```

（4）运行窗体。

运行窗体文件,分别单击"产生数组"、"查找"按钮,测试程序运行结果是否达到程序所要求的功能。运行结果如图 2-1-37 和图 2-1-38 所示。

（5）存盘保存。

在"文件"菜单中分别选择"保存 sjt5.frm","保存工程"命令项,将修改后的文件按原文件名保存在当前路径下。

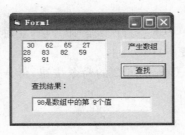

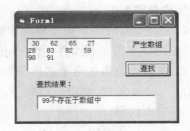

图 2-1-37　　　　　　　　　　　　　　　　图 2-1-38

四、实验作业

第 1 题

打开"指定盘\VB 程序设计实验素材\实验 1.3\1"文件夹,在此文件夹中有一个工程文件 sjt3. vbp,相应的窗体文件为 sjt3. frm。其功能是产生 20 个 0～1000 的随机整数,放入一个数组中,然后输出这 20 个整数的平均值。程序运行后,单击命令按钮(名称为 Command1,标题为"输出平均值"),即可求出其平均值,并在窗体上显示出来,如图 2-1-39 所示。这个程序不完整,请把它补充完整,并能正确运行。

要求:去掉程序中的注释符,把程序中的"?"改为正确的内容,使其实现上述功能,但不能修改程序中的其他部分。最后把修改后的文件按原文件名存盘。

图 2-1-39　　　　　　　　　　　　　　　图 2-1-40

第 2 题

打开"指定盘\VB 程序设计实验素材\实验 1.3\2"文件夹,在此文件夹中一个工程文件 sjt3. vbp,相应的窗体文件为 sjt3. frm。其功能是产生 20 个 0～1000 的随机整数,放入一个数组中,然后输出这 20 个整数中大于 500 的所有整数之和。程序运行后,单击命令按钮(名称为 Command1,标题为"输出大于 500 的整数之和"),即可求出这些整数的和,并在窗体上显示出来,如图 2-1-40 所示。这个程序不完整,请把它补充完整,并能正确运行。

要求:去掉程序中的注释符,把程序中的"?"改为正确的内容,使其实现上述功能,但不能修改程序中的其他部分。最后把修改后的文件按原文件名存盘。

第 3 题

打开"指定盘\VB 程序设计实验素材\实验 1.3\3"文件夹,在此文件夹中有一个工程文件 sjt3. vbp,相应的窗体文件为 sjt3. frm。其功能是产生 30 个 0～1000 的随机整数,放入一个数组中,然后输出其中的最小值。程序运行后,单击命令按钮(名称为

Command1，标题为"输出最小值"），即可求出最小值，并在窗体上显示出来，如图 2-1-41 所示。这个程序不完整，请把它补充完整，并能正确运行。

要求：去掉程序中的注释符，把程序中的"？"改为正确的内容，使其实现上述功能，但不能修改程序中的其他部分。最后把修改后的文件按原文件名存盘。

图　2-1-41

图　2-1-42

第 4 题

打开"指定盘\VB 程序设计实验素材\实验 1.3\4"文件夹，在此文件夹中有一个工程文件 sjt3. vbp，相应的窗体文件为 sjt3. frm。其功能是产生 30 个 0～1000 的随机整数，放入一个数组中，然后输出其中的最大值。程序运行后，单击命令按钮（名称为 Command1，标题为"输出最大值"，如图 2-1-42 所示），即可求出其最大值，并在窗体上显示出来。这个程序不完整，请把它补充完整，并能正确运行。

要求：去掉程序中的注释符，把程序中的"？"改为正确的内容，使其实现上述功能，但不能修改程序中的其他部分。最后把修改后的文件按原文件名存盘。

第 5 题

打开"指定盘\VB 程序设计实验素材\实验 1.3\5"文件夹，在此文件夹中有一个工程文件 sjt3. vbp，相应的窗体文件为 sjt3. frm。在窗体上有一个名称为 Text1 的文本框，其 MultiLine 属性为 True。程序运行后，如果单击窗体，则用随机函数产生 16 个 0 到 99 的整数，并按 4 行 4 列的矩阵形式在文本框中显示出来；然后在文本框中输出矩阵对角线上的数。程序的运行情况如图 2-1-43 所示。

图　2-1-43

这个程序不完整，请把它补充完整，并能正确运行。

提示：程序中的 vbCrLf 是回车/换行符。

要求：去掉程序的注释符，把程序中的"？"改为正确的内容，使其能正确运行，但不能修改程序中的其他部分，也不能修改控件的属性。最后把修改后的文件按原文件名存盘。

第 6 题

打开"指定盘\VB 程序设计实验素材\实验 1.3\6"文件夹，在此文件夹中有一个工程文件 sjt4. vbp，其窗体如图所示。该程序用来对在上面的文本框中输入的英文字母串（称为"明文"）加密，加密结果（称为"密文"）显示在下面的文本框中。加密的方法是：选中一个单选按钮，单击"加密"按钮后，根据选中的单选按钮后面的数字 n，把明文中的每个字母改为它后面的第 n 个字母（"z"后面的字母认为是"a"，"Z"后面的字母认为是"A"），如

图 2-1-44 所示。窗体中已经给出了所有控件和程序,但程序不完整,请去掉程序中的注释,把程序中的"?"改为正确的内容。

要求:不能修改程序中的其他部分和控件的属性。最后把修改后的文件按原文件名存盘。

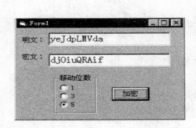

图 2-1-44   图 2-1-45

第 7 题

打开"指定盘\VB 程序设计实验素材\实验 1.3\7"文件夹,在此文件夹中有一个工程文件 sjt3.vbp。窗体上有一个标题为"得分"的框架,在框架中有一个名称为 Text1 的文本框数组,含 6 个元素;文本框 Text2 用来输入难度系数。程序运行时,在左边的 6 个文本框中输入 6 个得分,输入难度系数后,单击"计算分数"按钮,则可计算出最后得分并在文本框 Text3 中显示,如图 2-1-45 所示。

计算方法:去掉一个最高分和一个最低得分,求剩下得分的平均分,再乘以 3,再乘以难度系数。最后结果保留到第 2 位小数,不四舍五入。

要求:文件中已经给出了所有控件和程序,但程序不完整,请去掉程序中的注释符,把程序中的"?"改为正确的内容。不能修改程序的其他部分和各控件的属性。最后把修改后的文件按原文件名存盘。

第 8 题

打开"指定盘\VB 程序设计实验素材\实验 1.3\8"文件夹,在此文件夹中有一个工程文件 sjt5.vbp。其窗体中有一个名称为 Text1 的文本框数组,下标从 0 开始。程序运行时,单击"产生随机数"按钮,就会产生 10 个 3 位数的随机数,并放入 Text1 数组中,如图 2-1-46 所示;单击"重排数据"按钮,将把 Text1 中的奇数移到前面,偶数移到后面,如图 2-1-47 所示。实验素材已经给出了所有控件和部分程序。

图 2-1-46

图 2-1-47

要求：请去掉程序中的注释符,把程序中的"?"改为正确的内容,使其能正确运行,不能修改程序的其他部分和控件属性。最后把修改后的文件按原文名存盘。

提示：在"重排数据"按钮的事件过程中有对其算法的文字描述,请仔细阅读。

第 9 题

打开"指定盘\VB 程序设计实验素材\实验 1.3\9"文件夹,在此文件夹下有一个工程文件 sjt5.vbp,其窗体上有 3 个名称分别为 Text1、Text2 和 Text3 的文本框,其中 Text1、Text2 可多行显示。请画 3 个名称分别为 Cmd1、Cmd2 和 Cmd3,标题为"产生数组"、"统计"和"退出"的命令按钮。如图 2-1-48 所示。程序功能如下：

(1) 单击"产生数组"按钮,则用随机函数产生 20 个 0～100 之间(不含 0 和 100)的数值,并将它们保存到一维数组 a 中,同时也将这 20 个数值显示在 Text1 文本框内。

(2) 单击"统计"按钮时,统计出数组 a 中出现频率最高的数值及其出现的次数,并将出现频率最高的数值显示在 Text2 文本框内、出现频率最高的次数显示在 Text3 文本框内。

(3) 单击"退出"按钮时,结束程序运行。

要求：请去掉程序中的注释符,把程序中的"?"改为正确的内容,使其实现上述的功能。但不能修改窗体文件中已经存在的控件和程序。最后把修改后的文件按原文件名存盘。

图 2-1-48

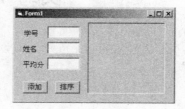

图 2-1-49

第 10 题

打开"指定盘\VB 程序设计实验素材\实验 1.3\10"文件夹,在此文件夹中有一个工程文件 sjt5.vbp,在该工程文件中已经定义了一个学生记录类型数据 StudType。有三个标题分别为"学号"、"姓名"和"平均分"的标签;三个初始内容为空,用于接收学号、姓名和平均分的文本框 Text1、Text2 和 Text3;一个用于显示排序结果的图片框。还有两个标题分别为"添加"和"排序"的命令按钮。如图 2-1-49\所示。

程序功能如下：

(1) 在 Text1、Text2 和 Text3 三个文本框中输入学号、姓名和平均分后,单击"添加"

按钮,则将输入内容存入自定义的学生记录类型数组 stud 中(最多只能输入 10 个学生信息,且学号不能为空)。

(2) 单击"排序"按钮,则将学生记录类型数组 stud 中存放的学生信息,按平均分降序排列的方式显示在图片框中,每个学生一行,且显示三项信息。

请将"添加"、"排序"按钮 Click 事件过程中的注释符去掉,把"?"改为正确的内容,以实现上述功能。

注意:不得修改窗体文件中已存在的控件和程序,最后把修改后的文件按原文件名存盘。

五、实验重点

(1) 数组的概念及声明方式。
(2) 静态数组与动态数组的使用区别。
(3) 数组的基本操作。
(4) 控件数组的概念及建立方法。

六、实验难点

(1) 数组元素的引用。
(2) 静态数组与动态数组的使用区别。
(3) 应用数组解决批量数据处理中的常用算法。

实验 1.4 过 程

本实验是针对教材第 6 章的实验。

一、 实验目的

(1) 掌握 Sub 过程的建立和调用方法。
(2) 掌握 Function 过程的建立和调用方法。
(3) 掌握参数传递的形式。
(4) 掌握数组参数的传递方法。
(5) 掌握变量的作用域。

二、实验要求及内容

(1) Sub 过程(子程序过程)建立和调用方法。

（2）通用过程和事件过程的区别。

（3）Function 过程（自定义函数过程）的建立和调用方法。

（4）理解形参和实参的概念及对应关系。

（5）值传递和地址传递的传递形式。

（6）数组参数的传递方法。

（7）局部变量、窗体/模块级变量和全局变量的作用范围。

三、实验方法及示例

1. 实验方法

Visual Basic 程序是由一个个过程组成的。Visual Basic 中的过程分为事件过程和通用过程，通用过程又分为 Sub 过程（子程序过程）和 Function 过程（函数过程）。在理解过程的概念后，掌握 Sub 过程和 Function 过程的建立和调用方法。

2. 实验示例

打开"指定盘\VB 程序设计实验素材\实验 1.4\示例"文件夹，在此文件夹下有一个工程文件 sjt5. vbp。运行程序时，在文本框中输入一个素数，然后单击"查找"命令按钮，找出小于给定素数的三个最大的素数，并显示在标签控件数组 Label1 中，如图 2-1-50 所示。

图　2-1-50

要求：工程文件中已给出部分程序，其中的 IsPrime 过程用来判断一个数是否为素数。请编写"查找"命令按钮的事件过程中部分程序代码，不能修改程序中的其他部分和控件属性。最后把修改后的文件按原文件名存盘。

提供的源代码如下：

```
Private Function IsPrime(ByVal x As Integer) As Boolean
    Dim i As Integer
    For i=2 To Sqr(x)
        If x Mod i=0 Then
            IsPrime=False
            Exit Function
        End If
    Next
    IsPrime=True
End Function
Private Sub Command1_Click()
'考生编写程序开始
'=====================================

'=====================================
```

```
'考生编写程序结束
    Open App.Path & "\out5.dat" For Output As #1
    Print #1, Text1.Text, Label1(0).Caption, Label1(1).Caption, Label1(2).Caption
    Close #1
End Sub
```

【操作步骤】

（1）在 Visual Basic 集成环境中选择"文件"菜单中的"打开工程"命令项，在对话框中选择指定路径下的工程文件 sjt5. vbp，单击"打开"按钮打开文件。

（2）在窗体上单击"查找"命令按钮，进入代码编写窗口。

（3）完善代码。

```
Private Function IsPrime(ByVal x As Integer) As Boolean
    Dim i As Integer
    For i=2 To Sqr(x)
        If x Mod i=0 Then
            IsPrime=False
            Exit·Function
        End If
    Next
    IsPrime=True
End Function
Private Sub Command1_Click()
'考生编写程序开始
'======================================
    Dim a As Integer
    a=Text1.Text
    For i=0 To 2
        Do
          a=a-1
        Loop Until IsPrime(a)
        Label1(i)=a
    Next i
'==========================================
'考生编写程序结束
    Open App.Path & "\out5.dat" For Output As #1
    Print #1, Text1.Text, Label1(0).Caption, Label1(1).Caption, Label1(2).Caption
    Close #1
End Sub
```

（4）运行窗体。

运行窗体文件，单击"查找"按钮，测试程序运行结果是否达到程序所要求的功能。

（5）存盘保存。

在"文件"菜单中分别选择"保存 sjt5.frm"，"保存工程"命令项，将修改后的文件按原文件名保存在当前路径下。

四、实验作业

第1题

打开"指定盘\VB 程序设计实验素材\实验 1.4\1"文件夹，在此文件夹中有一个工程文件 sjt4.vbp，相应的窗体文件为 sjt4.frm。其功能是通过调用过程 Average 求数组的平均值，请装入该文件。程序运行后，在四个文本框中各输入一个整数，然后单击命令按钮，即可求出数组的平均值，并在窗体上显示出来，如图 2-1-51 所示。这个程序不完整，请把它补充完整，并能正确运行。

要求：去掉程序中的注释符，把程序中的"？"改为正确的内容，使其实现上述功能，但不能修改程序中的其他部分。最后把修改后的文件按原文件名存盘。

图　2-1-51

图　2-1-52

第2题

打开"指定盘\VB 程序设计实验素材\实验 1.4\2"文件夹，在此文件夹中有一个工程文件 sjt4.vbp，相应的窗体文件名为 sjt4.frm。其功能是通过调用过程 FindMax 求数组的最大值，请装入该文件。程序运行后，在四个文本框中各输入一个整数，然后单击命令按钮，既可求出数组的最大值，并在窗体上显示出来，如图 2-1-52 所示。这个程序不完整，请把它补充完整。

要求：去掉程序中的注释，把程序中的"？"改为正确的内容，使其实现上述功能，但不能修改程序中的其他部分。最后把修改后的文件按原文件名存盘。

第3题

打开"指定盘\VB 程序设计实验素材\实验 1.4\3"文件夹，在此文件夹中有一个工程文件 sjt4.vbp，相应的窗体文件名为 sjt4.frm。其功能是通过调用过程 FindMin 求数组的最小值，请装入该文件。程序运行后，在四个文本框中各输入一个整数，然后单击命令按钮，既可求出数组的最小值，并在窗体上显示出来，如图 2-1-53 所示。这个程序不完整，请把它补充完整，并能正确运行。

图　2-1-53

要求：去掉程序中的注释符，把程序中的"？"改为正确的内容，使其实现上述功能，但不能修改程序中的其他部分。最后把修改后的文件按原文件名存盘。

第 4 题

打开"指定盘\VB 程序设计实验素材\实验 1.4\4"文件夹,在此文件夹中有一个工程文件 sjt4. vbp,相应的窗体文件名为 sjt4. frm。其功能是通过调用过程 Sort 将数组按降序排序,请装入该文件。程序运行后,在四个文本框中各输入一个整数,如图 2-1-54 所示,然后单击命令按钮,即可使数组降序排序,并在文本框中显示出来,如图 2-1-55 所示。这个程序不完整,请把它补充完整,并能正确运行。

图　2-1-54

图　2-1-55

要求:去掉程序中的注释符,把程序中的"?"改为正确的内容,使其实现上述功能,但不能修改程序中的其他部分。最后把修改后的文件按原文件名存盘。

第 5 题

打开"指定盘\VB 程序设计实验素材\实验 1.4\5"文件夹,在此文件夹中有一个工程文件 sjt4. vbp,相应的窗体文件名为 sjt4. frm。其功能是通过调用过程 Sort 将组按升序排序。程序运行后,在四个文本框中各输入一个整数,如图 2-1-56 所示,然后单击命令按钮,即可使数组按升序排序,并在文本框中显示出来如图 2-1-57 所示。这个程序不完整,请把它补充完整,并能正确运行。

图　2-1-56

图　2-1-57

要求:去掉程序中的注释符,把程序中的"?"改为适当的内容,使其实现上述功能,但不能修改程序中的其他部分。最后把修改后的文件按原文件名存盘。

第 6 题

打开"指定盘\VB 程序设计实验素材\实验 1.4\6"文件夹,在此文件夹中有一个工程文件 sjt3. vbp,在程序运行时,单击"输入整数"按钮,可以从键盘输入一个整数,并在窗体上显示此整数的所有不同因子和因子个数。图 2-1-58 是输入 53 后的结果,图 2-1-59 是输入 100 的结果。已经给出了全部控件和程序,但程序不完整。

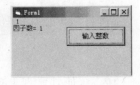

图　2-1-58

图　2-1-59

要求：去掉程序中的注释符，把程序中的"？"改为适当的内容。不能修改程序中的其他部分，也不能修改控件的属性。用原来的文件名保存工程文件和窗体文件。

第 7 题

打开"指定盘\VB 程序设计实验素材\实验 1.4\7"文件夹，在此文件夹中有一个工程文件 sjt3.vbp，窗体控件布局如图 2-1-60 所示。程序运行时，在文本框 Text1 中输入一个正整数，选择"奇数和"或"偶数和"，则在 Lable2 中显示所选的计算类别。单击"计算"按钮时，将按照选定的"计算类别"计算小于或等于输入数据的奇数或偶数和，并将计算结果显示在 Lable3 中。程序的一次运行结果如图 2-1-61 所示。在窗体文件中已经给出了全部控件，但程序不完整。

图　2-1-60

图　2-1-61

要求：去掉程序中的注释符，把程序中的"？"改为适当的内容。不能修改程序中的其他部分，也不能修改控件的属性。用原来的文件名保存工程文件和窗体文件。

第 8 题

打开"指定盘\VB 程序设计实验素材\实验 1.4\8"文件夹，在此文件夹中有一个工程文件 sjt4.vbp。该程序的功能是计算 M！＋(M＋1)！＋(M＋2)！＋…＋N！之和。窗体上有名称分别为 Text1、Text2 的两个文本框，用于接收输入的 M 和 N(要求 M＜N)。单击名称为 Command1、标题为"计算"的命令按钮，计算 M！＋(M＋1)！＋(M＋2)！＋…＋N！之和，并将计算结果显示在标签 lblResult 中，如图 2-1-62 所示。在给出的窗体文件中已经有了全部控件，但程序不完整，要求去掉程序中的注释符，把程序中的"？"改为正确的内容。

注意：不能修改程序中的其他部分和控件属性。最后把修改后的文件按原文件名存盘。

图　2-1-62

图　2-1-63

第 9 题

打开"指定盘\VB 程序设计实验素材\实验 1.4\9"文件夹，在此文件夹中有一个工程文件 sjt3.vbp。运行程序时，先向文本框 Text1 中输入一个不超过 10 的正整数，然后选择"N 的阶乘"或"(N＋2)的阶乘"单选按钮，即可进行计算，计算结果显示在文本框 Text2 中，如图 2-1-63 所示。在给出的窗体文件中已经添加了全部控件，但程序不完整。要求去掉程序中的注释符，把程序中的"？"改为正确的内容。

注意：不能修改程序中的其他部分和控件属性。最后把修改后的文件按原文件名存盘。

第 10 题

打开"指定盘\VB 程序设计实验素材\实验 1.4\10"文件夹，在此文件夹中有一个工程文件 sjt4. vbp。窗体上已有控件，如图 2-1-64 所示。请在属性窗口中将 List1 设置为可以多项选择（允许使用 Shift 或 Ctrl 进行选择）列表项。

要求：双击 List1 中的某一项时，被选中的项目被添加到 List2 中，同时清除 List1 中相应的项目。若单击"≫"（List2 中已有项目不变）按钮，List1 中所有的项目显示在 List2 中，List1 中的内容不变。

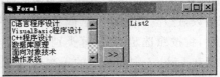

图　2-1-64

要求：按照题目要求设置控件属性，去掉程序中的注释符，把程序中的"?"改为正确的内容。

注意：不能修改程序中的其他部分和控件属性。最后把修改后的文件按原文件名存盘。

五、实验重点

（1）Sub 过程的定义和调用方法。

（2）Function 过程的定义和调用方法。

（3）形参与实参的概念。

（4）传值方式或传地址方式调用过程的区别。

（5）数组参数的传递方式。

六、实验难点

（1）调用 Sub 过程的两种形式。

（2）Function 过程的定义和调用方法。

（3）传值方式或传地址方式调用过程的区别。

（4）数组参数的传递方法。

实验 1.5　多窗体的程序设计、键盘与鼠标事件

本实验是针对教材第 7 章和第 12 章的实验。

一、实验目的

（1）掌握多窗体程序设计的特点和建立、保存多窗体的方法。

（2）掌握窗体加载、卸载、显示、隐藏的一般方法。

（3）掌握键盘事件的发生及处理操作。

（4）掌握鼠标事件的处理操作。

（5）了解鼠标光标的形状及设置方法。

二、实验要求及实验内容

（1）建立、保存多窗体的方法。

（2）掌握与多窗体程序有关的语句和方法：Load 语句、Unload 语句、Show 方法和 Hide 方法。

（3）键盘事件（KeyPress、KeyDown、KeyUp）的发生及处理操作。

（4）鼠标事件（MouseDown、MouseUp、MouseMove）的处理操作。

三、实验方法及示例

1. 实验方法

在建立 Visual Basic 应用程序时，自动创建一个窗体。当需要建立多窗体程序时，可以通过"工程"菜单或工具栏中相应的按钮执行添加窗体的命令，则在当前工程中添加一个新窗体。对于多窗体程序，只有一个窗体为启动窗体。若没有特别指定，则启动窗体为创建 Visual Basic 程序时建立的第一个窗体。调用 Show 方法可以加载并显示一个窗体，调用 Hide 方法隐藏窗体。

使用键盘事件过程（KeyPress、KeyDown、KeyUp），可以处理当按下或释放键盘上某个键时所执行的操作。使用鼠标事件过程（MouseDown、MouseUp、MouseMove）可以处理鼠标按下、松开或移动时所执行的操作。

2. 实验示例

示例 1

打开"指定盘\VB 程序设计实验素材\实验 1.5\示例\1"文件夹，在此文件夹中有一个工程文件 sjt4. vbp，含有 Form1 和 Form2 两个窗体，Form1 为启动窗体。窗体上的控件如图 2-1-65 所示。程序运行后，在 Form1 窗体的文本框中输入有关信息（"密码"框中显示"＊"字符），然后单击"提交"按钮则弹出"确认"对话框（即 Form2 窗体），并在对话框中显示输入的信息，如图 2-1-66 所示。单击"确认"按钮则程序结束，单击"重输"按钮，则对话框消失，回到 Form1 窗体。在给出的窗体文件中已经给出了程序，但不完整。

要求：

（1）把 Form1 的标题改为"注册"，把 Form2 的标题改为"确认"。

（2）设置适当的属性，使 Form2 标题栏上的所有按钮消失，如图 2-1-66 所示。

（3）去掉程序中的注释符，把程序中的"？"改为正确的内容。

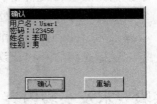

图　2-1-65　　　　　　　　　　　　　　　图　2-1-66

注意：不能修改程序中的其他部分，标题等属性的修改只能在属性窗口中进行。最后把修改后的文件按原文件名存盘。

Form1 窗体提供的原代码如下：

```
Private Sub C1_Click()
    Dim k As Integer
'   Form2. ?
    Form2.Print Form1.L1.Caption; Form1.Text1
    Form2.Print Form1.L2.Caption; Form1.Text2
    Form2.Print Form1.L3.Caption; Form1.Text3
'   Form2.Print Form1.Frame1.  ?  ; ": ";
    For k=0 To 1
'       If Form1.Op1(  ?  ).Value Then
            Form2.Print Form1.Op1(k).Caption
        End If
    Next k
End Sub
Private Sub Form_Load()
'    Text2. ?  ="*"
End Sub
```

【操作步骤】

（1）在 Visual Basic 集成环境中选择"文件"菜单中的"打开工程"命令项，在对话框中选择指定路径下的工程文件 sjt4. vbp，单击"打开"按钮打开文件。

（2）设置属性。单击 Form1 窗体，在属性窗口设置 Caption 属性为"注册"。单击 Form2 窗体，在属性窗口设置 Caption 属性为"确认"。ControlBox 属性为 False。

（3）完善代码。单击 Form1 窗体上的"提交"按钮，进入代码编写窗口，完善程序。

```
Private Sub C1_Click()
    Dim k As Integer
    Form2.Show
    Form2.Print Form1.L1.Caption; Form1.Text1
    Form2.Print Form1.L2.Caption; Form1.Text2
    Form2.Print Form1.L3.Caption; Form1.Text3
    Form2.Print Form1.Frame1.Caption; ": ";
    For k=0 To 1
```

```
        If Form1.Op1(k).Value Then
                Form2.Print Form1.Op1(k).Caption
            End If
        Next k
    End Sub
Private Sub Form_Load()
    Text2.PasswordChar="*"
End Sub
```

（4）运行窗体。运行 Form1 窗体，按要求输入信息后，单击"提交"按钮，在对话框中应显示输入的信息。同理测试在对话框中单击"确认"、"重输"按钮的功能。

（5）存盘保存。在"文件"菜单中分别选择"保存 sjt41.frm"，"保存工程"命令项，将修改后的文件按原文件名保存在当前路径下。

示例 2

在"指定盘\VB 程序设计实验素材\实验 1.5\示例\2"文件夹中创建一个工程文件 sjt4.vbp，在 Form1 窗体上添加一个名为 L1 的列表框控件，一个名为 Text1 的文本框控件。编写窗体的 KeyDown 事件过程。程序运行后，如果单击 M 键，则从键盘上输入要添加到列表框中的项目；如果单击 N 键，则从键盘上输入要删除的项目，将其从列表框中删除。

注意：存盘时必须存放在指定文件夹中，工程文件名为 sjt4.vbp，窗体文件名为 sjt4.frm。

【操作步骤】

（1）在 Visual Basic 集成环境中选择"文件"菜单中的"新建工程"命令项，在"新建工程"对话框中选择"标准 EXE"，单击"确定"按钮。

（2）添加控件。在窗体上添加列表框控件，在属性窗口设置名称属性为 L1。添加文本框控件，在属性窗口设置 Text 属性为空。

在 Form1 的属性窗口中设置 KeyPreview 属性为 True，表示窗体的键盘事件优先于控件的键盘事件。

（3）编写代码。

```
Private Sub Form_KeyDown(KeyCode As Integer, Shift As Integer)
    Select Case KeyCode
        Case Asc("M")
            Text1.Text=InputBox("请输入要添加的项目")
            L1.AddItem Text1.Text
        Case Asc("N")
            Text1.Text=InputBox("请输入要删除的项目")
            For i=0 To L1.ListCount-1
                If Text1.Text=L1.List(i) Then
                    L1.RemoveItem i
                    Exit For
                End If
```

```
        Next i
    End Select
End Sub
```

图 2-1-67

（4）运行窗体。运行窗体文件，测试程序运行结果是否达到程序所要求的功能。窗体运行界面如图 2-1-67 所示。

（5）存盘保存。在"文件"菜单中分别选择"Form1.frm 另存为"和"工程另存为"命令项，在指定路径下存放文件。工程文件名为 sjt4.vbp，窗体文件名为 sjt4.frm。

四、实验作业

第 1 题

打开"指定盘\VB 程序设计实验素材\实验 1.5\1"文件夹，在此文件夹中有一个工程文件 sjt3.vbp，它包含两个名称分别为 Form1 和 Form2 的窗体，Form1 和 Form2 窗体建立了标题分别为 C1 和 C2 的按钮。请先把 Form1 上按钮的标题改为"结束"，把 Form2 上按钮的标题改为"显示"，并将 Form2 设为启动窗体，将 Form1 设为不显示。该程序实现的功能是：在程序运行时显示 Form2 窗体，单击 Form2 上的"显示"按钮，则显示 Form1 窗体；若单击 Form1 的"结束"按钮，则关闭 Form1 和 Form2，并结束程序运行。

要求：请去掉程序中的注释符，把程序中的"?"改为正确的内容，使其实现上述功能，但不能修改程序中的其他部分。最后把修改后文件按原文件名存盘。正确程序运行后的界面如图 2-1-68 所示。

第 2 题

打开"指定盘\VB 程序设计实验素材\实验 1.5\2"文件夹，在此文件夹中有一个工程文件 sjt3.vbp，它的功能是在运行时只显示名为 Form2 的窗体，单击 Form2 上的 C2 按钮，则显示名为 Form1 的窗体；单击 Form1 的 C1 按钮，则 Form1 的窗体消失。

这个程序不完整，要求：

（1）把 Form2 设为启动窗体；Form1 上按钮的标题改为"隐藏"，把 Form2 上按钮的标题改为"显示"。

（2）去掉程序中的注释符，把程序中的"?"改为正确的内容，使其实现上述功能，但不能修改程序中的其他部分。最后把修改后的文件存盘。

（3）工程文件和窗体文件仍以原来的文件名存盘。

正确程序运行后的界面如图 2-1-69 所示。

图 2-1-68

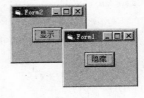

图 2-1-69

第 3 题

在"指定盘\VB 程序设计实验素材\实验 1.5\3"文件夹中创建一个工程文件 sjt1. vbp,只有一个窗体 Form1,需要创建第二个窗体 Form2。在窗体 Form1 上建立 C1,C2 两个命令按钮,标题分别为"隐藏启动窗体"和"关闭窗体"。在窗体 Form2 上创建标题为 "打开窗体 1"的按钮。将 Form2 设为启动窗体,单击 Form2 上的按钮,则显示 Form1 窗体;若单击 Form1 上的"隐藏启动窗体"按钮,则 Form2 消失。若单击 Form1 上的"关闭窗体"按钮,则 Form1、Form2 消失,程序退出。程序运行如图 2-1-70 所示。

要求:程序中不得使用任何变量。存盘时必须放在指定文件下,工程文件名为 sjt1. vbp,窗体文件名为 sjt11. frm,sjt12. frm。

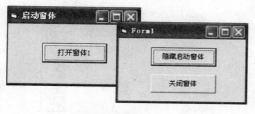

图　2-1-70

图　2-1-71

第 4 题

打开"指定盘\VB 程序设计实验素材\实验 1.5\4"文件夹,在此文件夹中有一个工程文件 sjt3. vbp,包含两个名称分别为 Form1、Form2 的窗体。窗体上已有部分控件,请在 Form1 窗体上再画一个名称为 Text1 的文本框,初始内容为空,初始状态为不可用,如图 2-1-71 所示,输入字符时文本框内显示字符"＊"。

程序功能如下:

(1) 单击 Form1 窗体的"输入密码"按钮,则 Text1 变为可用,且获得焦点。

(2) 输入密码后单击 Form1 窗体的"密码校验"按钮,则判断 Text1 中输入内容是否为小写字符 abc,若是,则隐藏 Form1 窗体,显示 Form2 窗体;若密码输入错误,则提示重新输入,三次密码输入错误,则退出系统。

(3) 单击 Form2 窗体的"返回"按钮,则隐藏 Form2 窗体,显示 Form1 窗体。

Form2 窗体的控件和程序已给出。但 Form1 窗体的程序不完整,请将程序中的注释符去掉,把"?"改为正确的内容,以实现上述程序功能。

注意:不能修改窗体文件中已经存在的控件和程序。最后把修改后文件按原文件名存盘。

第 5 题

在名称为 Form1、标题为"鼠标光标形状"的窗体上画一个名称为 Text1 的文本框。请通过属性窗口设置适当属性,使得程序运行时,鼠标在文本框中时,鼠标光标为箭头 (Arrow)形状;在窗体中其他位置处,鼠标光标为十字(Cross)形状。

注意:存盘时放在"指定盘\VB 程序设计实验素材\实验 1.5\5"文件夹中,工程文件名为 sjt1. vbp,窗体文件名为 sjt1. frm。

第 6 题

打开"指定盘\VB 程序设计实验素材\实验 1.5\6"文件夹,在此文件夹中有一个工程文件 sjt3. vbp,相应的窗体文件名为 sjt3. frm。在窗体(名称为 Form1,KeyPreview 属性为 True)上画一个列表框(名称为 List1)和一个文本框(名称 Text1),如图 2-1-72 所示。编写窗体的 KeyDown 事件过程。程序运行后,如果按 A 键,则从键盘上输入要添加到列表框中的项目(内容任意,不少于三个);如果按 D 键,则从键盘上输入要删除的项目,将其从列表框中删除。程序的运行情况如图 2-1-73 所示。提供的窗体文件可以实现上述功能。但这个程序不完整,请把它补充完整。

图 2-1-72

图 2-1-73

要求:去掉程序中的注释符,把程序中的"?"改为正确的内容,使其正确运行,但不能修改程序中的其他部分。最后把修改后的文件按原文件名存盘。

第 7 题

打开"指定盘\VB 程序设计实验素材\实验 1.5\7"文件夹,在此文件夹中有一个工程文件 sjt3. vbp,相应的窗体文件名为 sjt3. frm。在窗体上画一个列表框(名称为 List1)和一个文本框(名称为 Text1),如图 2-1-74 所示。编写窗体的 MouseDown 事件过程。程序运行后,如果用鼠标左键单击窗体,则从键盘上输入要添加到列表框中的项目(内容任意,不少于三个);如果用鼠标右键单击窗体,则从键盘上输入要删除的项目,将其从列表框中删除。程序的运行情况如图 2-1-75 所示。提供的窗体文件可以实现上述功能。但这个程序不完整,请把它补充完整。

图 2-1-74

图 2-1-75

要求:去掉程序中的注释符,把程序中的"?"改为正确的内容,使其正确运行,但不能修改程序中的其他部分。最后把修改后的文件按原文件名存盘。

第 8 题

打开"指定盘\VB 程序设计实验素材\实验 1.5\8"文件夹,在此文件夹中有一个工程文件 sjt3. vbp。程序的功能是:通过键盘向文本框中输入数字,如果输入的是非数字字

符,则提示输入错误,且文本框中不显示输入的字符。单击名称为 Command1、标题为"添加"的命令按钮,则将文本框中的数字添加到名称为 Combo1 的组合框中,如图 2-1-76 所示。在给出的窗体文件中已经添加了全部控件,但程序不完整。要求去掉程序中的注释符,把程序中的"?"改为正确的内容。

图 2-1-76

注意:不能修改程序的其他部分和控件属性。最后把修改后的文件按原文名存盘。

第 9 题

打开"指定盘\VB 程序设计实验素材\实验 1.5\9"文件夹,在此文件夹中有一个工程文件 sjt4. vbp,其窗体左部的图片框的名称为 Picturel,框中还有六个香蕉图案的小图片框,它们是一个数组,名称为 Pic。在窗体右部有一个有香蕉图案的图片框图,名称为 Picture2,如图 2-1-77 所示。程序运行时,有六个香蕉图案的小图片框不显示。可以用鼠标拖拽的方法将右部的香蕉放到左部的图片框中(右部的香蕉不动),如图 2-1-78 所示。左部的图片框最多可放六个香蕉。

图 2-1-77

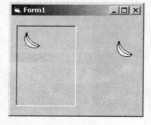

图 2-1-78

实现此功能的方法是:刚运行程序时,图片数组不显示,当拖拽一次香蕉时,就显示一个图片框数组元素,产生香蕉被放入的效果。

文件中已经给出了所有控件和程序,但程序不完整,请去掉程序中的注释符,把程序中的"?"改为正确的内容。

注意:不得修改工程中已经存在的内容和控件属性,最后把修改后的文件按原文件名存盘。

第 10 题

打开"指定盘\VB 程序设计实验素材\实验 1.5\10"文件夹,在此文件夹中有一个工程文件 sjt5. vbp,其窗体中有一个实心圆。程序运行时,当用鼠标左键单击窗体任何位置时,实心圆则向单击位置直线移动;若用鼠标右键单击窗体,则实心圆停止移动,如图 2-1-79 所示。窗体文件中已经给出了全部控件,但程序不完整。

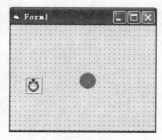

图 2-1-79

要求:请去掉程序中的注释符,把程序中的"?"改为正确的内容,使其能在正确运行,不能修改程序的其他部分和

控件属性。最后把修改后的文件按原文件名存盘。

五、实验重点

(1) 多窗体的建立、保存。

(2) 多窗体加载、卸载、显示、隐藏的方法。

(3) 指定启动窗体的方法。

(4) 键盘事件(KeyPress、KeyDown、KeyUp)的发生及处理操作。

(5) 鼠标事件(MouseDown、MouseUp、MouseMove)的处理操作。

六、实验难点

(1) 多窗体的存取。

(2) KeyPress 事件与 KeyDown、KeyUp 事件的区别。

(3) KeyPress、KeyDown、KeyUp 事件过程中参数的含义。

MouseDown、MouseUp、MouseMove 事件过程中参数的含义。

实验 1.6   数 据 文 件

本实验是针对教材第 8 章的实验。

一、实验目的

(1) 掌握文件的概念,了解数据在文件中的存储方式。

(2) 了解文件的特点和使用。

(3) 掌握顺序文件的使用。

(4) 掌握随即文件的使用。

(5) 掌握文件系统控件的功能和用法。

二、实验要求及内容

(1) 掌握顺序文件的打开、读写操作和关闭。

(2) 掌握随机文件的打开、读写操作和关闭。

(3) 掌握文件系统控件的使用。

三、实验方法及示例

1. 实验方法

启动 Visual Basic 应用程序,打开题目所提供的素材文件,按照实验操作的要求,结合数据文件以及程序设计结构的相关知识,在代码窗口编写或修改相应的程序代码,读取或写入数据文件,程序实现一定的功能。最后,按照实验要求的文件名进行保存。

2. 实验示例

在"指定盘\VB 程序设计实验素材\实验 1.6\示例"文件夹下有一个工程文件 exp6.vbp。窗体中已经给出了所有控件,如图 2-1-80 所示)。请编写适当的事件过程完成以下功能:单击"读数"按钮,则把学生目录下 in5. txt 文件中的一个整数放入 Text1;单击"计算"按钮,则计算出大于该数的第一个素数,并显示在 Text2 中;单击"存盘"按钮,则把找到的素数存到学生目录下 out5. txt 文件中。

图　2-1-80

注意:在结束程序运行之前,必须单击"存盘"按钮,把结果存入 out5. txt 文件,否则无成绩。最后把修改后的文件按原文件名存盘。

【操作步骤】

(1) 打开指定的程序文件。

启动 Visual Basic 应用程序,打开应用程序。单击"文件"菜单中的"打开工程"命令,打开"打开工程"对话框,选择"指定盘\VB 程序设计实验素材\实验 1.6\示例"文件下的 exp6. vbp 文件。然后单击"打开"。

(2) 编写代码并调试。

单击"资源管理器"上的"查看代码"按钮,出现题目已给出的代码,如图 2-1-81 所示。

命令按钮"读数"的功能是将文本文件 in5. txt(见图 2-1-82)的数据读出并赋给文本框 Text1。此部分实验已经给出。

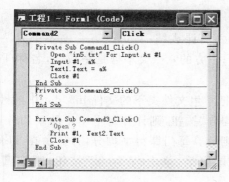

图　2-1-81

图　2-1-82

命令按钮"计算"的功能是计算出大于文本框 Text1 的第一个素数,并显示在文本框 Text2 中。此部分的代码全部需要编写。编写内容如下:

```
Private Sub Command2_Click()
    m=Text1.Text
    n=m+1
     Do
        k=Sqr(n)
        flag=True
     For i=2 To k
         If (n Mod i)=0 Then flag=False
     Next
       If flag=True Then
          Text2.Text=n
       Else
          n=n+1
       End If
     Loop While flag=False
End Sub
```

命令按钮"存盘"的功能是将"计算"按钮执行后,文本框 Text2 所得到的结果,写入到存入学生目录下 out5.txt 文件(见图 2-1-83)中。这里考察顺序文件的打开方式。Command3 事件过程中问号应填写的代码是:

```
Open "out5.txt" For Output As #1
```

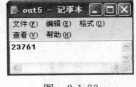

图　2-1-83

(3) 运行并保存程序。

按 F5 键运行,单击"读数"按钮,Text1 的值为 23759,单击"计算"按钮,Text2 的值为 23761,单击"存盘"按钮,out5.txt 的内容为 23761。

单击"文件"菜单下的"保存工程"命令,即把修改后的文件按原文名存盘。

四、实验作业

第 1 题

在"指定盘\VB 程序设计实验素材\实验 1.6\1"文件夹下有一个工程文件 sjt6-1.vbp,其中文本框 Text1 用于显示五个学生的六门课成绩;右边的五个文本框是一个数组,名称为 Text2 用于显示每个学生的平均分;下方的六个文本框是一数组,名称 Text3,用于显示每门课的平均分。

程序的功能是:单击"读入文件"按钮,则把学生文件夹下的文件 in5.dat 中的姓名和成绩分别读到数组 n 和 a 中;单击"每个人平均分"按钮,则计算每个学生的平均分,并显示在 Text2 数组中;单击"每科平均分"按钮,则计算每门课得平均分,并显示在 Text3 数组中,所有平均分得值均四舍五入取整或截尾取整;单击"存结果"按钮,则把 Text2,Text3 中的所有平均分存入 out5.dat 文件中。

窗体中给出了所有控件(见图 2-1-84)和"读入文件"、"存结果"按钮的 Click 事件过程,请为"每人平均分"按钮和"每科平均分"按钮编写适当的事件过程,实现上述功能。

注意:不得修改已经存在的程序;在结束程序运行之前,必须用"存结果"按钮存储计算结果,否则无成绩。最后,程序按原文件名存盘。

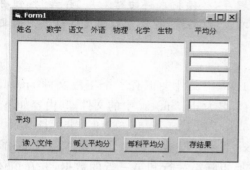

图 2-1-84

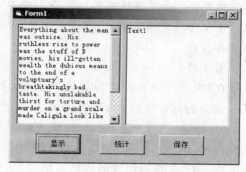

图 2-1-85

第 2 题

在"指定盘\VB 程序设计实验素材\实验 1.6\2"文件夹下有一个工程文件 sjt6-2. vbp,相应的窗体文件 sjt5-2. frm。窗体上三个命令按钮名称分别是 Command1、Command2 和 Command3,标题分别是"显示"、"统计"和"保存"。运行程序时,单击"显示"按钮,从文件 in5. txt 中读取文本,并显示文本框 Text1 中,如图 2-1-85 所示。单击"统计"按钮,则统计 Text1 中字母 R、T、D(不区分大小写)出现的次数,统计结果分别保存在窗体变量 intR、intT、intD 中,同时显示在文本框 Text2 中(显示格式不限)。单击"保存"按钮,可将 intR、intT、intD 中的数据保存到学生文件夹下 out5. txt 文件中。

要求:

(1)去掉"显示"按钮事件过程中的注释,把程序中的"?"改为能实现上述要求的正确内容。

(2)编写统计字母 R、T、D 出现次数的事件过程。

(3)不要改动各控件的属性设置和程序的其他部分。最后把修改后的文件用原文件名存盘。

第 3 题

在"指定盘\VB 程序设计实验素材\实验 1.6\3"文件夹下有一个工程文件 sjt6-3. vbp,请先装入该工程文件,然后完成以下操作:

在名称为 Form1 的窗体上画三个命令按钮,其名称分别为 C1、C2 和 C3,标题分别为"读入数据"、"计算"和"存盘",如图 2-1-86 所示。程序运行后,如果单击"读入数据"按钮,则调用题目已提供的 ReadData1 和 ReadData2 过程读入 datain1. txt 和 datain2. txt 文件中的各 20 个整数,分别放 Arr1 和 Arr2 两个数组中;如果单击"计算"按钮,则把两个数组中对应下标的元素相除并截尾取整后,结果放入第三个数组中(即把第一个数组的第 n 个元素除以第二个数组的第

图 2-1-86

n 个元素,结果截尾取整后作为第三个数组的第 n 个元素。这里的 n 为 1、2、…、20),最后计算第三个数组各元素之和,并把所求得的和在窗体上显示出来;如果单击"存盘"按钮,则调用题目中给出的 WriteData 过程将所求得的和存入学生文件夹下的 dataout.txt 文件中。

注意:学生不得修改窗体文件已经存在的程序,必须把求得的结果用"存盘"按钮存入学生文件夹下的 dataout.txt 文件中,否则没有成绩。最后把修改后的文件以原来的文件名存盘。

第 4 题

在"指定盘\VB 程序设计实验素材\实验 1.6\4"文件夹下有一个工程文件 sjt6-4.vbp,相应的窗体文件为 sjt6-4.frm,此外还有一个名为 datain.txt 中的文件,其内容如下:

32 43 76 58 28 12 98 57 31 42 53 64 75 86 97 13 24 35 46 57 68 79 80 59 37

程序运行后,单击窗体,将把文件 datain.txt 中的数据输入到二维数组 Mat 中,在窗体上按 5 行、5 列的矩阵形式显示出来,然后交换矩阵第一行和第三行的数据,并在窗体上输出交换后矩阵,如图 2-1-87 所示。在窗体的代码窗口中,已给出了部分程序,这个程序不完整,请把它补充完整,并能正确运行。

要求:去掉程序的注释符,把程序中的"?"改为正确的内容,使其实现上述功能,但不能修改程序中的其他部分。最后把修改后的文件以原文件名存盘。

图 2-1-87

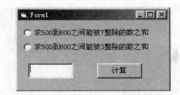

图 2-1-88

第 5 题

在"指定盘\VB 程序设计实验素材\实验 1.6\5"文件夹下有一个工程文件 sjt6-5.vbp,在该工程中提供了一个通用过程,可以直接调用。请在窗体上画一个名称为 Text1 的文本框;画一个名称为 C1,标题为"计算"的命令按钮;再画两个单选按钮;名称分别为 Op1、Op2,标题分别为"求 500 到 600 之间能被 7 整除的数之和"、"求 500 到 600 之间能被 3 整除的数之和",如图 2-1-88 所示。请编写适当的事件过程,使得在运行时,选取其中一个单选按钮,再单击"计算"按钮,就可以按照单选按钮后的文字要求计算,并把计算结果放入文本框中,最后把已经修改的工程文件和窗体文件以原来的文件名存盘。

注意:不得修改窗体文件中已经存在的程序,退出程序时必须通过单窗体右上角的关闭按钮。在结束程序运行之前,必须至少要进行一种计算,否则不得分。

第 6 题

在"指定盘\VB程序设计实验素材\实验 1.6\6"文件夹下有一个程序文件 sjt6-6. vbp,已给出了部分控件和部分程序。程序运行时,请在窗体上画三个标签,其名称分别为 Label1、Label2 和 Label3,标题分别为"姓名"、"电话号码"和"邮政编码"。再画三个文本框,其名称 Text1、Text2 和 Text3,初始内容均为空白,如图 2-1-89 所示。程序运行后,如果单击"显示第三个记录"命令按钮,则读取 9 号文件夹下 in5. txt 文件中的第三个记录,将该记录的三个字段分别显示在三个文本框中(该文件是一个用随机存取方式建立的文件,共有 5 个记录)。单击"保存"按钮,则把该记录(三个字段)保存到学生文件夹下顺序文件 out5. txt 中。

请编写"显示第三个记录"按钮的 Click 事件过程,以实现上述功能。

注意:学生不得修改已经存在的程序,必须用"保存"按钮存储结果,否则无成绩。最后,按原文件名把程序存盘。

图 2-1-89

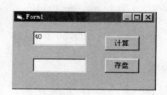

图 2-1-90

第 7 题

数列:1,1,2,3,5,8,13,21,…,的规律是从第 3 个数开始,每个数是它前面两个数之和。

在"指定盘\VB程序设计实验素材\实验 1.6\7"文件夹下有一个工程文件 sjt6-7. vbp。窗体中已经给出了所有控件,如图 2-1-90 所示。请编写适当的事件过程实现以下功能:在 Text1 中输入整数 40,单击"计算"按钮,则在 Text2 中显示该数列第 40 项的值;如果单击"存盘"按钮,则将计算的第 40 项的值存到学生目录下的 out5. txt 文件中。(提示:因数据较大,应使用 Long 型变量)

注意:在结束程序运行之前必须单击"存盘"按钮,把结果存入 out5. txt 文件,否则无成绩。最后把修改后的文件按原文件名存盘。

第 8 题

在"指定盘\VB程序设计实验素材\实验 1.6\8"文件夹下有一个工程文件 sjt6-8. vbp,其窗体如图 2-1-91 所示。8 号文件夹下有一个 in5. dat 文件,文件中有 5 个运动员的姓名、7 个裁判的打分和动作的难度系数。每人的数据占一行,顺序是:姓名、7 个分数、难度系数。程序运行时,单击"输入"按钮,可把 in5. dat 文件中的 5 个姓名读入数组 athlete 中,把 5 组得分(每组 7 个)和难度系数读入二维数组 a 中(每行的最后一个元素是难度系数),并把这些数据显示在 Text1 文本框中;单击"选出冠军"按钮,则把冠军的姓名和成绩分别显示在文本框 Text2、Text3 中。成绩的计算方法是:去掉一个最高分和一个最低分,求剩下得分的平均分,再乘以 3,再乘以难度系数;单击"存盘"按钮,则把冠军姓名和成绩存入 out5. dat 文件中。

要求：去掉程序中的注释符，把程序中的"?"改为正确的内容（程序中 getmark 函数的功能是计算并返回第 n 个运动员的最后得分），并编写"选出冠军"按钮的 Click 事件过程。

注意：不得修改已经存在的程序和控件的属性，在结束程序运行前，必须用"存盘"按钮存储计算结果，否则无成绩。最后，程序按原文件名存盘。

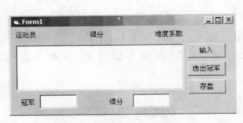

图 2-1-91

图 2-1-92

第 9 题

在"指定盘\VB 程序设计实验素材\实验 1.6\9"文件夹下有一个工程文件 sjt6-9. vbp，在窗体上给出了所有控件和不完整的程序，请去掉程序中的注释符，把程序中的"?"改为正确的内容。

本程序的功能是：如果单击"取数"按钮，则把学生目录下的 in5. txt 文件中的 15 个姓名读到数组 a 中，并在窗体上显示这些姓名；当在 Text1 中输入一个姓名，或一个姓氏后，如果单击"查找"按钮，则进行查找，若找到，就把所有与 Text1 中相同的姓名或所有具有 Text1 中姓氏的姓名显示在 Text2 中；如图 2-1-92 所示，若未找到，则在 Text2 中显示"未找到！"；若 Text1 中没有查找内容，则在 Text2 显示"未输入查找内容！"。

注意：不得修改程序的其他部分和控件的属性，最后把修改后的文件按原文件名存盘。

第 10 题

在"指定盘\VB 程序设计实验素材\实验 1.6\10"文件夹下有一个工程文件 sjt6-10. vbp。其窗体中有一个名称为 Text1 的文本框数组，下标从 0 开始。程序运行时，单击"产生随机数"按钮，就会产生 10 个 3 位数的随机数，并放入 Text1 数组中，如图 2-1-93 所示）；单击"重排数据"按钮，将把 Text1 中的奇数移到前面，偶数移到后面，如图 2-1-94 所示）。已经给出了所有控件和部分程序。

图 2-1-93

图　2-1-94

要求：请去掉程序中的注释符,把程序中的"?"改为正确的内容,使其能正确运行,不能修改程序的其他部分和控件属性。最后把修改后的文件按原文名存盘。

提示：在"重排数据"按钮的事件过程中有对其算法的文字描述,请仔细阅读。

五、实验重点

（1）顺序文件的打开、读写操作和关闭。

（2）随机文件的打开、读写操作和关闭。

（3）文件系统控件的使用。

六、实验难点

（1）顺序文件的打开、读写操作和关闭。

（2）随机文件的打开、读写操作和关闭。

实验 1.7　界面程序设计

本实验是针对教材第 9 章和第 10 章的实验。

一、实验目的

（1）掌握菜单编辑器的使用,能够用菜单编辑器创建菜单,并通过菜单的 Click 事件过程,实现菜单项的功能。

（2）学会使用通用对话框打开 6 种不同形式的对话框：打开文件对话框、保存文件对话框、字体对话框、颜色对话框和打印对话框。

二、实验要求及内容

（1）下拉式菜单的设计方法。

（2）弹出式菜单的设计方法。

（3）菜单项控件各个属性的含义、设置方法以及在程序中的应用。

（4）与打开文件对话框、保存文件对话框、字体对话框、颜色对话框和打印对话框相关的属性设置。

（5）能够在程序中使用通用对话框打开文件、保存文件、设置文字的格式、颜色等。

三、实验方法及示例

1. 实验方法

Visual Basic 中的菜单通过菜单编辑器，即菜单设计窗口建立。执行"工具"菜单中的"菜单编辑器"命令项或使用 Ctrl＋E 键可打开菜单编辑器窗口，根据需求进行菜单结构设计。建立下拉式菜单首先使用菜单编辑器建立菜单，然后单击某个菜单项，编写该菜单项的事件过程。建立弹出式菜单也是先要使用菜单编辑器建立菜单，然后使用 PopupMenu 方法弹出显示。

Visual Basic 提供了文件对话框、颜色对话框、字体对话框和打印对话框等不同形式的通用对话框，来建立较为复杂的对话框。执行"工程"菜单中的"部件"命令项，打开"部件"对话框，在控件列表框中选择 Microsoft Common Dialog Control 6.0，将通用对话框添加到工具箱中。然后根据需要添加到窗体上，进行相应的属性设置。

2. 实验示例

示例 1

打开"指定盘\VB 程序设计实验素材\实验 1.7\示例\1"文件夹，在此文件夹中有一个工程文件 sjt5.vbp，其名称为 Form1 的窗体上已有三个文本框 Text1、Text2、Text3，以及程序。请完成以下工作：

（1）在属性窗口中修改 Text3 的适当属性，使其在运行时不显示，作为模拟的剪贴板使用。窗体如图 2-1-95 所示。

（2）建立下拉式菜单，如表 2-1-1 所示。

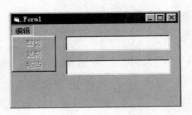

图　2-1-95

表　2-1-1

标题	名称
编辑	Edit
剪切	Cut
复制	Copy
粘贴	Paste

（3）窗体文件中给出了所有事件过程，但不完整，请去掉程序中的注释符，把程序中的"？"改为正确的内容。以便实现以下功能：当光标所在的文本框中无内容时，"剪切"、"复制"不可用，否则可以把该文本框中的内容剪切或复制到 Text3 中；若 Text3 中无内容，则"粘贴"不可用，否则可以把 Text3 中的内容粘贴在光标所在的文本框中的内容之后。

注意：不得修改程序中的其他部分。各菜单项的标题名称必须正确。最后把修改后的文件按原文件名存盘。

提供的源代码如下：

```
Dim which As Integer
Private Sub copy_Click()
    If which=1 Then
        Text3.Text=Text1.Text
    ElseIf which=2 Then
        Text3.Text=Text2.Text
    End If
End Sub
Private Sub cut_Click()
    If which=1 Then
        Text3.Text=Text1.Text
        Text1.Text=""
    ElseIf which=2 Then
        Text3.Text=Text2.Text
        Text2.Text=""
    End If
End Sub
Private Sub edit_Click()
'     If which=? Then
        If Text1.Text="" Then
            cut.Enabled=False
            Copy.Enabled=False
        Else
            cut.Enabled=True
            Copy.Enabled=True
        End If
    ElseIf which=? Then
        If Text2.Text="" Then
            cut.Enabled=False
            Copy.Enabled=False
        Else
            cut.Enabled=True
            Copy.Enabled=True
        End If
    End If
    If Text3.Text="" Then
        Paste.Enabled=False
    Else
        Paste.Enabled=True
    End If
```

```
End Sub
Private Sub paste_Click()
    If which=1 Then
'        Text1.Text= ?
    ElseIf which=2 Then
'        Text2.Text= ?
    End If
End Sub
Private Sub Text1_GotFocus()      '本过程的作用是：当焦点在 Text1 中时,which=1
    which=1
End Sub
Private Sub Text2_GotFocus()      '本过程的作用是：当焦点在 Text2 中时,which=2
    which=2
End Sub
```

【操作步骤】

(1) 在 Visual Basic 集成环境中选择"文件"菜单中的"打开工程"命令项,在对话框中选择指定路径下的工程文件 sjt5.vbp,单击"打开"按钮打开文件。

(2) 设置属性。单击 Text3 文本框,在属性窗口设置 Visible 属性为 False。

(3) 建立下拉式菜单。

① 执行"工具"菜单中的"菜单编辑器"命令,打开"菜单编辑器"窗口。

② 建立主菜单项:在"标题"栏中输入"编辑",在菜单项显示区中出现同样的标题名称。在"名称"栏中输入 Edit。

建立下一级菜单:单击编辑区中的"下一个"按钮,菜单项显示区中条形光标下移,同时数据区中的"标题"栏及"名称"栏内容被清空,光标回到"标题"栏。在"标题"栏中"剪切"、"编辑"、"名称"栏中输入 Cut。单击编辑区的"→"按钮,菜单显示区中的"剪切"右移,表明"剪切"是"编辑"的下一级菜单。

同理完成"复制"、"粘贴"的制作。

(4) 完善代码。单击主菜单项"编辑",下拉显示子菜单项"剪切"、"复制"、"粘贴",单击"剪切",进入代码编写窗口。

```
Dim which As Integer
Private Sub copy_Click()
    If which=1 Then
        Text3.Text=Text1.Text
    ElseIf which=2 Then
        Text3.Text=Text2.Text
    End If
End Sub
Private Sub cut_Click()
    If which=1 Then
        Text3.Text=Text1.Text
```

```vb
            Text1.Text=""
        ElseIf which=2 Then
            Text3.Text=Text2.Text
            Text2.Text=""
        End If
    End Sub
    Private Sub edit_Click()
        If which=1 Then
            If Text1.Text="" Then
                Cut.Enabled=False
                Copy.Enabled=False
            Else
                Cut.Enabled=True
                Copy.Enabled=True
            End If
        ElseIf which=2 Then
            If Text2.Text="" Then
                Cut.Enabled=False
                Copy.Enabled=False
            Else
                Cut.Enabled=True
                Copy.Enabled=True
            End If
        End If
        If Text3.Text="" Then
            Paste.Enabled=False
        Else
            Paste.Enabled=True
        End If
    End Sub
    Private Sub paste_Click()
        If which=1 Then
            Text1.Text=Text1.Text & Text3.Text
        ElseIf which=2 Then
            Text2.Text=Text2.Text & Text3.Text
        End If
    End Sub
    Private Sub Text1_GotFocus()      '本过程的作用是：当焦点在 Text1 中时,which=1
        which=1
    End Sub
    Private Sub Text2_GotFocus()      '本过程的作用是：当焦点在 Text2 中时,which=2
        which=2
    End Sub
```

(5) 运行窗体。运行窗体文件,测试程序运行结果是否达到程序所要求的功能。

(6) 存盘保存。在"文件"菜单中分别选择"保存 sjt5. frm","保存工程"命令项,将修改后的文件按原文件名保存在当前路径下。

示例 2

在名称为 Form1 的窗体上画一个名称为 P1 的图片框,并利用属性窗口把"指定盘\VB 程序设计实验素材\实验 1.7\示例\2"文件夹中的图标文件 Open.ico 放到图片框中;再画一个通用对话框控件,名称为 CD1,利用属性窗口设置相应属性,即打开对话框时:标题为"打开文件",文件类型为"Word 文档",初始目录为 C 盘根目录。再编写适当的事件过程,使得在运行时,单击 P1 图片框,可以打开上述对话框。运行后的窗体如图 2-1-96 所示。

图　2-1-96

注意:程序中不得使用变量。存盘时必须存放在"指定盘\VB 程序设计实验素材\实验 1.7\示例\2"文件夹中,工程文件名为 sjt1. vbp,窗体文件名为 sjt1. frm。

【操作步骤】

(1) 建立控件。在 Form1 窗体上添加一个图片框控件,再单击"工程"菜单中"部件"命令项,在打开的"部件"对话框中选中 Microsoft Common Dialog Control 6.0 项,单击"确定"按钮,工具箱中就添加了通用对话框控件 CommonDialog,将其添加到窗体上。

(2) 设置属性。根据题意,设置图片框的名称属性为 P1,BorderStyle 属性为 0-None,Picture 属性为指定路径下的图标文件 Open.ico。设置通用对话框的名称属性为 CD1,DialogTitle 属性为"打开文件",Filter 属性为"Word 文档",InitDir 属性为 C:\。

(3) 编写事件过程。双击 P1 图片框,进入代码编写窗口,完成代码编写。

```
Private Sub P1_Click()
    CD1.ShowOpen
End Sub
```

(4) 运行窗体。运行窗体文件,测试程序运行结果是否达到程序所要求的功能。

(5) 存盘保存。在"文件"菜单中分别选择"Form1. frm 另存为"和"工程另存为"命令项,将文件保存在"指定盘\VB 程序设计实验素材\实验 1.7\示例\2"文件夹中,工程文件名为 sjt1.vbp,窗体文件名为 sjt1.frm。

四、实验作业

第 1 题

在名称为 Form1 的窗体上画两个文本框,名称分别为 Text1 和 Text2,均无初始内容;再建立一个下拉菜单,菜单标题为"操作",名称为 M1,此菜单下含有两个菜单项,名称分别为 Copy 和 Clear,标题分别为"复制"菜单项和"清除"菜单项,请编写适当的事件过程,使得在运行时,单击"复制"菜单项,则把 Text1 中的内容复制到 Text2 中,单击"清除"菜单项,则清除 Text2 中的内容(即在 Text2 中填入空字符串)。运行时的窗体如图 2-1-97 所示。要求在程序中不得使用任何变量,每个事件过程中只能写一条语句。

注意:存盘时必须存放在"指定盘\VB 程序设计实验素材\实验 1.7\1"文件夹中,工程文件名为 sjt1.vbp,窗体文件名为 sjt1.frm。

图 2-1-97

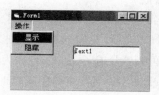
图 2-1-98

第 2 题

在名称为 Form1 的窗体上画一个文本框,名称为 Text1;再建立一个下拉菜单,菜单标题为"操作",名称为 M1,此菜单下含有两个菜单项,名称分别为 Show 和 Hide,标题分别为"显示"、"隐藏",请编写适当的事件过程,使得在运行时,单击"隐藏"菜单项,则文本框消失;单击"显示"菜单项,则文本框重新出现。运行后的窗体如图 2-1-98 所示。要求程序中不得使用变量,每个事件过程中只能写一条语句。

注意:存盘时必须存放在"指定盘\VB 程序设计实验素材\实验 1.7\2"文件夹中,工程文件名为 sjt2.vbp,窗体文件名为 sjt2.frm。

第 3 题

在名称为 Form1 的窗体上画一个名称为 Sha1 的形状控件,然后建立一个菜单,标题为"形状"名称为 Shape0,该菜单有两个子菜单,其标题分别为"正方形"和"圆形",其名称分别为 Shape1 和 Shape2,如图 2-1-99 所示,然后编写适当的程序。程序运行后,如果选择"正方形"菜单项,则形状控件显示为正方形;如果选择"圆形"菜单项,则窗体上的形状控件显示为圆形。要求程序中不得使用变量,事件过程中只能写一条语句。

注意:存盘时必须存放在"指定盘\VB 程序设计实验素材\实验 1.7\3"文件夹中,工程文件名为 sjt3.vbp,窗体文件名为 sjt3.frm。

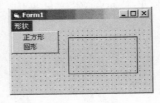

图　2-1-99

图　2-1-100

第 4 题

请在名称为 Form1 的窗体上建立一个二级下拉菜单,第一级共有两个菜单项,标题分别为"文件"、"编辑",名称分别为 file、edit;在"编辑"菜单下有第二级菜单,含有三个菜单项,标题分别为"剪切"、"复制"、"粘贴",名称分别为 cut、copy、paste。其中"粘贴"菜单项设置为无效,如图 2-1-100 所示。

注意:存盘时必须存放在"指定盘\VB 程序设计实验素材\实验 1.7\4"文件夹中,工程文件名为 sjt4. vbp,窗体文件名为 sjt4. frm。

第 5 题

在名称为 Form1 的窗体上建立一个名称为"menu1"、标题为"文件"的弹出式菜单,含有三个菜单项,它们的标题分别为:"打开"、"关闭"、"保存",名称分别为"m1"、"m2"、"m3"。再画一个命令按钮,名称为"Command1"、标题为"弹出菜单"。要求:编写命令按钮的 Click 事件过程,使程序运行时,单击"弹出菜单"按钮可弹出"文件"菜单如图 2-1-101 所示。要求程序中不得使用变量,事件过程中只能写一条语句。

注意:存盘时必须存放在"指定盘\VB 程序设计实验素材\实验 1.7\5"文件夹中,工程文件名为 sjt5. vbp,窗体文件名为 sjt5. frm。

图　2-1-101

图　2-1-102

第 6 题

在名称为 Form1 的窗体上画一个名称为 Text1 的文本框,再建立一个名称为 Format 的弹出式菜单,含三个菜单项,标题分别为"加粗"、"斜体"、"下划线",名称分别为 M1、M2、M3。请编写适当的事件过程,在运行时当用鼠标右键单击文本框时,弹出此菜单,选中一个菜单项后,则进行菜单标题所描述的操作,如图 2-1-102 所示。

注意:存盘时必须存放在"指定盘\VB 程序设计实验素材\实验 1.7\6"文件夹中,工程文件名为 sjt6. vbp,窗体文件名为 sjt6. frm。

第 7 题

在名称为 Form1 的窗体上画一个名称为 Command1、标题为"打开"的命令按钮,然后画一个名称为 CD1 的通用对话框,如图 2-1-103 所示,编写适当的事件过程,使得运行程序时,单击"打开"命令按钮,则弹出打开文件对话框。在属性窗口中设置通用对话框的适当属性,使得对话框中显示的文件类型第一项为"所有文件",第二项为"＊.DOC",默认的过滤器为.DOC文件。

图　2-1-103

注意：要求程序中不得使用变量,事件过程中只能写一条语句。存盘时必须存放在"指定盘\VB 程序设计实验素材\实验 1.7\7"文件夹中,工程文件名为 sjt7.vbp,窗体文件名为 sjt7.frm。

第 8 题

在名称为 Form1 的窗体上画一个名称为 Command1 的命令按钮,标题为"打开文件",再画一个名称为 CD1 的通用对话框。程序运行后,如果单击命令按钮,则弹出打开文件对话框。请按下列要求设置属性和编号代码：

（1）设置适当的属性,使对话框的标题为"打开文件"。

（2）设置适当属性,使对话框的"文件类型"下拉式组合框中有两行："文本文件"、"所有文件",如图 2-1-104 所示,默认的类型是"所有文件"。

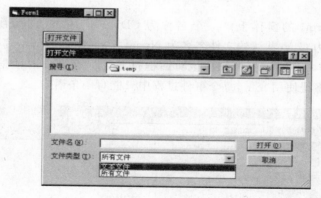

图　2-1-104

（3）编写命令按钮的事件过程,使得单击按钮可以弹出打开文件对话框。

要求：程序中不得使用变量,事件过程中只能写一条语句。

注意：存盘时必须存放在"指定盘\VB 程序设计实验素材\实验 1.7\8"文件夹中,工程文件名为 sjt8.vbp,窗体文件名为 sjt8.frm。

第 9 题

在名称 Form1 的窗体上画一个名称为 Command1、标题为"保存文件"的命令按钮,再画一个名称为 CommandDialog1 的通用对话框。

要求：

（1）通过属性窗口设置适当的属性,使得运行时对话框的标题为"保存文件",且默认文件名为 out2。

（2）运行时单击"保存文件"命令按钮,则以"保存对话框"方式打开该通用对话框,如

图 2-1-105 所示。

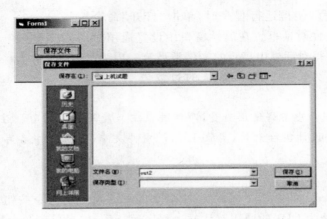

图　2-1-105

注意：要求程序中不能使用变量，每个事件过程中只能写一条语句。

存盘时必须存放在"指定盘\VB 程序设计实验素材\实验 1.7\9"文件夹中，工程文件名为 sjt9. vbp，窗体文件名为 sjt9. frm。

第 10 题

在名称为 Form1 的窗体上画一个名称为 CD1 的通用对话框，通过属性窗口设置 CD1 的初始路径为 C:\，默认的文件名名为 None，标题为"保存等级考试"。请编写窗体的 Load 事件过程，使得程序运行时，该对话框打开为保存文件对话框，如图 2-1-106 所示。要求程序中不得使用变量，每个事件过程中只能写一条语句。

图　2-1-106

注意：存盘时必须存放在"指定盘\VB 程序设计实验素材\实验 1.7\10"文件夹中，工程文件名为 sjt10. vbp，窗体文件名为 sjt10. frm。

五、实验重点

（1）菜单编辑器的使用。

（2）下拉式菜单、弹出式菜单的设计方法。

（3）掌握通用对话框的相关属性。

（4）能够在程序中使用打开文件对话框、保存文件对话框、字体对话框、颜色对话框等不同形式的对话框。

六、实验难点

（1）显示弹出式菜单的方法。

（2）在程序中使用通用对话框打开不同形式的对话框。

实验 1.8　访问数据库

本实验是针对教材第 11 章的实验。

一、实验目的

（1）掌握数据库的基本概念。

（2）掌握可视化数据管理器的使用。

（3）掌握 Data 数据控件和 ADO 数据控件的使用。

（4）掌握数据库绑定控件的使用。

二、实验要求及实验内容

（1）以 Access 数据库为例,掌握数据库的基本概念。

（2）使用可视化数据管理器创建 Access 数据库和表。

（3）使用 Data 控件连接数据库,实现对数据的浏览、修改、添加、删除等操作。

（4）使用 ADO 数据控件连接数据库,实现对数据的浏览、修改、添加、删除等操作。

三、实验方法及示例

1. 实验方法

在程序中用到的数据库可以使用 Visual Basic 提供的可视化数据管理器创建。单击

"外接程序"菜单中的"可视化数据管理器"命令,打开可视化数据管理器窗口。单击可视化数据管理器菜单栏中的"文件"→"新建"→Microsoft Access(M)→Version 7.0 MDB (7)项,在弹出的对话框中选择保存数据库的文件夹和文件名,就在指定文件夹中创建一个数据库。数据库是一个扩展名为 mdb 的独立文件。表是数据库中最基本的对象。数据库中的所有数据都保存在表中,对数据库中各种对象的操作,最终都归结为对表中数据的操作。在"数据库窗口"的空白位置单击鼠标右键,弹出快捷菜单,单击"新建表"命令,弹出"表结构"对话框,输入要创建的表名、添加字段、设置字段属性等,从而完成数据库、表的创建。

Visual Basic 内置的 Data 数据控件是访问数据库的一种简便工具。要利用该控件返回数据库中记录的集合,首先在窗体添加控件,然后通过 Connect、DatabaseName 和 RecordSource 三个基本属性设置要访问的数据源。

ADO 数据访问接口是微软公司最新推出的数据访问技术,使用 ADO 数据控件可以方便、快捷地与数据库建立连接,并通过它实现对数据库的访问。ADO 数据控件是附加的 ActiveX 控件,需要选择"工程"菜单中的"部件"命令项,在打开的"部件"对话框中选择 Microsoft ADO Data Control 6.0,添加到工具箱中,再添加到窗体上后才可以使用。用 ADO 数据控件连接数据库,需要在 ADO 数据控件的"属性页"对话框中进行设置。

2. 实验示例

在窗体上利用 ADO 数据控件设计一个学生信息数据库管理程序,使之具有浏览、添加、修改和删除记录的功能。程序运行时,单击 ADO 控件的对应按钮,可以浏览信息。单击"添加"、"修改"或"删除"按钮,可以实现对记录信息的编辑操作。程序初始运行界面如图 2-1-107 所示。

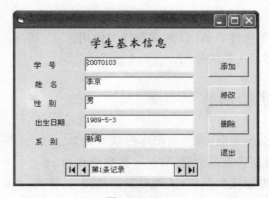

图　2-1-107

【操作步骤】

(1) 创建用户界面。

在窗体(名称为 Form1)上添加 6 个标签、5 个文本框(名称为 Text1 的控件数组)、4 个命令按钮(名称为 Command1 的控件数组)和 1 个 ADO 数据控件(选择"工程"菜单中"部件"命令项,在"部件"对话框中,选择 Microsoft ADO Data Control 6.0(OLEDB)项,将 ADO 数据控件添加到工具箱后,再添加到窗体上),并按图 2-1-107 所示设置控件的基本属性。

(2) 建立名为 studeng.mdb 的数据库和 stu 数据表。

① 启动数据管理器。选择"外接程序"菜单中的"可视化数据管理器"命令,打开图 2-1-108 所示的数据管理器窗口。

② 建立数据库。选择"可视化数据管理器"窗口中的"文件"菜单中的"新建"→Microsoft Access→Version 7.0 MDB 命令,在数据库保存位置对话框中,选择好路径、输入数据库文件名"student"后,打开如图 2-1-109 所示的窗口。

图　2-1-108

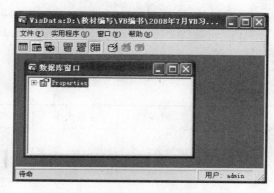

图　2-1-109

③ 建立数据表结构。在数据库窗口中按鼠标右键,在弹出的快捷菜单中选择"新建表"后,打开图 2-1-110 所示的"表结构"对话框。在"表名称"框中输入表名 stu。单击"添加字段"按钮,打开如图 2-1-111 所示的"添加字段"对话框,在此可以向 stu 表中添加字段。

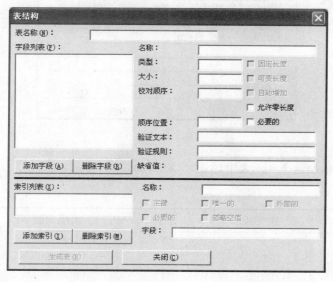

图　2-1-110

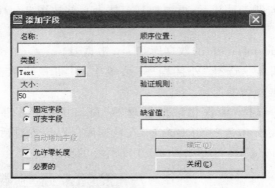

图　2-1-111

stu 表的结构如表 2-1-2 所示。

表　2-1-2

字段名	字段类型	字段大小	字段名	字段类型	字段大小
学号	Text	10	出生日期	Date/Time	8（默认）
姓名	Text	10	系别	Text	20
性别	Text	2			

　　按照 stu 表结构添加完表中所有字段后，单击图 2-1-110"表结构"对话框下面的"生成表"按钮，在数据库窗口中将显示创建好的表名。

　　④ 编辑数据表中的记录。所建立的 stu 表，是一个仅有表结构的空表，还需向表中添加数据信息。方法是双击 stu 表，打开图 2-1-112 所示的编辑记录窗口。

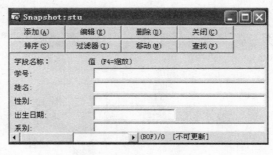

图　2-1-112

在此窗口中依次输入 stu 表中的记录信息，如表 2-1-3 所示。

表　2-1-3

学　　号	姓　名	性别	出生日期	系　别
20070102	李京	男	1989-5-3	新闻
20070110	王佳	女	1989-2-10	新闻
20070125	江一平	男	1989-6-20	新闻
20070201	张宏	男	1988-12-18	广告学

Visual Basic 程序设计习题与实验指导

学　　号	姓　名	性别	出生日期	系　别
20070202	张宁	女	1989-3-2	广告学
20070301	叶飞	男	1989-2-1	法律
20070322	王楠	女	1989-6-16	法律
20070305	刘澎	男	1988-10-30	法律

经过上述步骤完成 student.mdb 数据库和库中 stu 数据表的建立。

（3）设置 ADO 数据控件属性。

将 ADO 控件添加到工具箱（图标 ）后，再将该控件添加到窗体上，默认的名称为 Adodc1。在窗体的 ADO 控件上按鼠标右键选"ADODC 属性"项，打开"属性页"对话框，如图 2-1-113 所示。在属性页的"通用"选项卡中选"使用连接字符串"方式连接数据源，单击其右侧的"生成"按钮，出现"数据链接属性"对话框，在"提供程序"选项卡中选中 Microsoft Jet 4.0 OLE DB Provider 项，如图 2-1-114 所示。

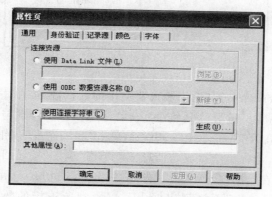

图　2-1-113

图　2-1-114

单击对话框中"下一步"按钮,进入"数据链接属性"对话框的"连接"选项卡,如图 2-1-115 所示。

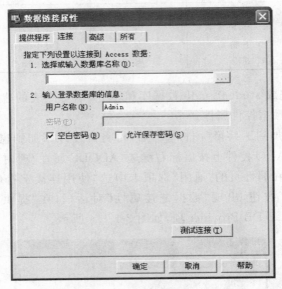

图　2-1-115

在"选择或输入数据库名称"框中输入要连接的数据源,或单击其右侧的"…"按钮选择数据源(本例为 D:\教材编写\VB 编书\2008 年 7 月 VB 习题与实验指导\VB 程序设计实验素材\实验 1.8\示例\student.mdb)后,单击"测试连接"按钮测试数据源是否连接成功。如果连接成功,会弹出连接成功消息框。单击"确定"按钮回到"属性页"对话框,选择"记录源"选项卡。在"命令类型"框中选择 2-adCmdTable(表示记录集的类型是一个表),在"表或存储过程名称"下拉列表框中可以看到所连接的数据库中的表名 stu,如图 2-1-116 所示。

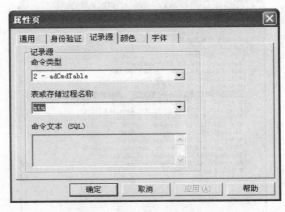

图　2-1-116

此时,完成了 ADO Data 控件连接数据源的工作。

（4）设置文本框控件 Text1 属性。

将文本框控件数组 Text1（0）～ Text1（4）的 DataSource 属性均设为 Adodc1，DataField 属性分别与"学号"、"姓名"、"性别"、"出生日期"和"系别"字段绑定。

（5）编写事件过程。

```vb
Private Sub Adodc1_MoveComplete(ByVal adReason As ADODB.EventReasonEnum, ByVal pError As
    ADODB.Error, adStatus As ADODB.EventStatusEnum, ByVal pRecordset As ADODB.Recordset)
    Adodc1.Caption="第" & Adodc1.Recordset.AbsolutePosition & "条记录"
End Sub
Private Sub Command1_Click(Index As Integer)
    Dim str As Integer
    Select Case Index
      Case 0
        Adodc1.Recordset.MoveLast
        Adodc1.Recordset.AddNew
        Text1(0).SetFocus
      Case 1
        str=MsgBox("确实要修改记录吗?", vbOKCancel+vbQuestion)
        If str=vbOK Then
            Adodc1.Recordset.Update
            Adodc1.Recordset.MoveLast
        Else
          Adodc1.Recordset.CancelUpdate
          Adodc1.Recordset.MoveLast
        End If
      Case 2
        str=MsgBox("确认要删除当前记录吗?", vbOKCancel)
        If str=vbOK Then
            Adodc1.Recordset.Delete
            Adodc1.Recordset.MoveNext
            Adodc1.Refresh
            If Adodc1.Recordset.EOF Then
              Adodc1.Recordset.MoveLast
            End If
          Else
            Exit Sub
        End If
      Case 3
            End
    End Select
End Sub
```

（6）运行窗体。

运行窗体文件，测试程序运行结果是否达到程序所要求的功能。

（7）存盘保存。

在"文件"菜单中分别选择"Form1. frm 另存为"和"工程另存为"命令项，将文件保存在"指定盘\VB 程序设计实验素材\实验 1.8\示例\1"文件夹中，工程文件名为 sjt1. vbp，窗体文件名为 sjt1. frm。

四、实验作业

第 1 题

在"指定盘\VB 程序设计实验素材\实验 1.8\1"文件夹中，使用可视化数据管理器创建一个 Access 数据库 Book. mdb，库中包含一张名为"图书信息"表，表结构如表 2-1-4 所示。

表　2-1-4

字段名	类型	大小	字段名	类型	大小
书名	Text	20	出版社	Text	20
书号	Text	20	单价	数字	单精度型
作者	Text	20	出版日期	日期/时间	8

"图书信息"表中包含信息如表 2-1-5 所示。

表　2-1-5

书　　名	书　号	作　者	出　版　社	单价	出版日期
世事如烟	I247.5-867C	余华	上海文艺出版社	12.5	2006-8-1
卡斯特罗传	I811-52	卢学慧	时代文艺出版社	28	2003-7-1
父亲嫌疑人	I247-5-904	柯云路	人文出版社	15.8	2007-7-1
巅峰推理	I247.7-591	林栋	当代世界出版社	18.9	2003-2-1
Assess 2003 中文版入门与提高	TP311.138-29	蒋涛,白致铭	清华大学出版社	30.5	2005-2-1
Flash Mx 高级教程	TP391.41-75	沈大林	电子工业出版社	39	2003-8-1
C++ 语言程序设计案例教程	TP312-284	郑莉,张瑞丰	清华大学出版社	39	2004-8-1
Java 语言最新实用案例教程	TP312-282	杨树林,胡洁萍	清华大学出版社	29.5	2003-8-1
现代生物技术	Q81-9	瞿礼嘉	高等教育出版社	52	2006-7-1
医学分子生物学理论与研究技术(第二版)	Q7-14	温进坤,韩梅	科学出版社	39.5	2006-7-1

第 2 题

根据第 1 题所创建的"图书信息"表，在窗体上利用文本框和 Data 控件实现对该表信息的浏览。程序运行情况如图 2-1-117 所示。

要求：存盘时必须存放在"指定盘\VB 程序设计实验素材\实验 1.8\2"文件夹中，工程文件名为 sjt2.vbp,窗体文件名为 sjt2.frm。

图　2-1-117

图　2-1-118

第 3 题

根据第 1 题所创建的"图书信息"表,在窗体上利用 Data 控件(程序运行时为不可见状态)和 Microsoft FlexGrid(MSFlexGrid)数据网格控件实现对该表信息的浏览。同时在窗体上添加一个标题为"按出版社名称查询"的命令按钮,程序运行时,单击该按钮,可以实现按出版社名称查询书目的功能。程序运行情况如图 2-1-118 和图 2-1-119 所示。

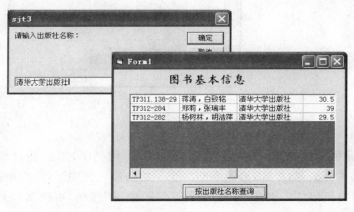

图　2-1-119

要求:存盘时必须存放在"指定盘\VB 程序设计实验素材\实验 1.8\3"文件夹中,工程文件名为 sjt3.vbp,窗体文件名为 sjt3.frm。

第 4 题

根据第 1 题所创建的"图书信息"表,在窗体上利用 ADO 数据控件和 DataGrid 数据网格控件实现对该表信息的浏览。同时在窗体上添加一个标题为"按出版社名称查询"的命令按钮,程序运行时,单击该按钮,可以实现按出版社名称查询书目的功能。程序运行情况如图 2-1-120 和图 2-1-121 所示。

要求:存盘时必须存放在"指定盘\VB 程序设计实验素材\实验 1.8\4"文件夹中,工程文件名为 sjt4.vbp,窗体文件名为 sjt4.frm。

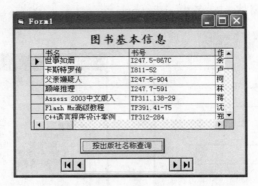

图 2-1-120

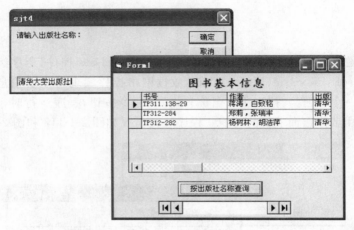

图 2-1-121

第 5 题

根据第 1 题所创建的"图书信息"表，在窗体上利用 ADO 数据控件设计一个数据库管理程序，使之具有浏览、添加、修改和删除记录的功能。程序运行时，单击 ADO 控件的对应按钮，可以浏览信息。单击"添加"、"修改"或"删除"按钮，可以实现对记录信息的编辑操作。程序运行初始界面如图 2-1-122 所示。

要求：存盘时必须存放在"指定盘\VB 程序设计实验素材\实验 1.8\5"文件夹中，工程文件名为 sjt5.vbp，窗体文件名为 sjt5.frm。

五、实验重点

（1）Visual Basic 中数据库的使用方法。

（2）Data 数据控件的使用。

（3）ADO 数据控件的使用。

（4）数据库绑定控件的使用。

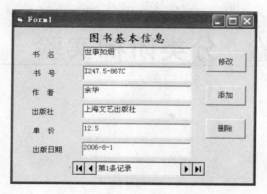

图　2-1-122

六、实验难点

（1）ADO 数据控件的使用。

（2）使用程序代码操作数据库。

实验 2.1 基 本 操 作

一、实验目的

(1) 了解 Visual Basic 的集成开发环境。

(2) 熟练掌握 Visual Basic 中对象的属性、事件和方法。

(3) 熟练掌握程序编写的一般过程。

二、实验要求及实验内容

(1) 学会利用属性窗口设置对象属性。

(2) 学会使用代码窗口设置简单的代码。

(3) 掌握窗体和常用控件的常用属性、事件和方法的使用和设置。

三、实验方法及示例

1. 实验方法

启动 Visual Basic 应用程序,新建一个工程,屏幕上将显示一个窗体,默认的名称为 Form1。从工具箱中选择控件,向窗体中添加控件,在属性窗口设置窗体和各个控件的属性。在代码编辑窗口编写相应的事件过程代码。最后,运行程序并保存程序。

2. 实验示例

在名称为 Form1 的窗体上画一个名称为 Text1 的文本框,其高、宽分别为 400、2000。请在属性框中设置适当的属性满足以下要求:

(1) Text1 的字体为“黑体”,字号为“四号”,文本框的内容为“程序设计”。

(2) 窗体的标题为“输入”,不显示最大化按钮和最小化按钮。

运行后的窗体如图 2-2-1 所示。

注意：存盘时必须存放的文件名为：工程文件名为 exp9-1.vbp，窗体文件名为 exp9-1.frm。

图 2-2-1

【操作步骤】

（1）建立用户界面。启动 Visual Basic 应用程序，新建一个工程。单击"文件"菜单中的"新建工程"命令，打开"新建工程"对话框，双击该对话框中的"标准 EXE"图标。在新建的窗体上画一个文本框。文本框的名称默认为 Text1。

（2）设置窗体和控件的属性。选中文本框，单击属性窗口（或按 F4 键）激活属性窗口，设置文本框的 Font 属性，将字体为"黑体"，字号设为"四号"，设置 Height 属性为 400，Width 属性为 2000，设置 text 属性为"程序设计"。

选中窗体，在属性窗口将窗体的"标题"属性设为"输入"。

（3）运行程序。单击"运行"菜单下的启动命令，或按 F5 键。程序运行结果如图 2-2-1 所示。

（4）保存程序。单击"文件"菜单下的"保存工程"命令，打开"工程另存为"对话框。在该对话框中，"保存在"栏内选择要保存的文件夹，"保存类型"栏内选择"工程文件（ * .vbp）"，"文件名"栏内输入 exp9-1，单击"保存"。此时"文件另存为"对话框"保存类型"栏内选择"窗体文件（ * .frm）"，"文件名"栏内输入 exp9-1，单击"保存"。

3. 实验作业

请根据以下各小题的要求设计 Visual Basic 应用程序（包括界面和代码）。

第 1 题

在名称为 Form1 的窗体上画一个文本框，其名称为 T1，宽度和高度分别为 1400 为 400；再画两个命令按钮，其名称分别为 C1 和 C2，标题分别为"显示"和"扩大"，编写适当的事件过程。程序运行后，如果单击 C1 命令按钮，则在文本框中显示"等级考试"，如图 2-2-2 所示；如果单击 C2 命令按钮，则使文本框在高、宽方向上各增加一倍，文本框中的字体扩大到原来的 3 倍，如图 2-2-3 所示。

图 2-2-2

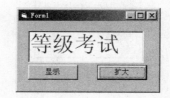

图 2-2-3

注意：要求程序中不得使用变量。存盘时必须放在 1 号文件夹下（学生自己建立），工程文件名 sjt9-1.vbp，窗体文件名为 sjt9-1.frm。

第 2 题

在名称为 Form1 的窗体上添加一个计时器控件,名称为 Timer1。请利用属性窗口设置适当属性,使得在运行时可以每隔 1 秒,调用计时器的 Timer 事件过程一次。另外,请把窗体的标题设置为"题目 2"。设计阶段的窗体如图 2-2-4 所示。

注意:存盘时必须存放在 2 号文件夹下,工程文件名为 sjt9-2.vbp,窗体文件名为 sjt9-2.frm。

图 2-2-4

图 2-2-5

第 3 题

在名称为 Form1 的窗体上用名称 shape1 的形状控件画一个椭圆,高、宽分别为1000、2000。请设置适当的属性满足以下要求:

(1) 椭圆的边线为红色(把相应的属性设置为:＆H000000FF＆ 或 ＆HFF＆)。

(2) 窗体得标题为"椭圆",窗体得最大化按钮不可用。

运行后的窗体如图 2-2-5 所示。

注意:存盘时必须存放在 3 号文件夹下,工程文件名为 sjt9-3.vbp,窗体文件名为 sjt9-3.frm。

第 4 题

在文件名为 sjt9-4.vbp 的工程文件中建立两个窗体,名称分别为 Form1 和 Form2,其中 Form2 是启动窗体,其标题为"启动窗体",在 Form2 上画一个命令按钮,名称为 Command1,标题为"结束",如图 2-2-6 所示。

请编写适当的事件过程以满足以下要求:

(1) 单击 Form2 窗体,则显示 Form1 窗体,如图 2-2-7 所示。

图 2-2-6

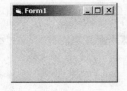
图 2-2-7

(2) 单击 Form1 窗体,则 Form1 窗体消失。

(3) 单击"结束"按钮则结束程序运行。

注意:要求程序中不能使用变量,每个事件过程中只能写一条语句。保存时必须存放在 4 号文件夹下,工程文件名为 sjt9-4.vbp ,Form1 窗体文件名为 sjt9-4-1.frm,Form2 窗体文件名为 sjt9-4-2.frm。

第 5 题

在名称为 Forml 的窗体上画两个文本框,其名称分别为 Text1 和 Text2,内容分别为"文本框 1"和"文本框 2",编写适当的事件过程。程序运行后,如果单击窗体,则 Text1 隐藏,Text2 显示,如图 2-2-8 所示;如果双击窗体,则 Text1 显示,Text2 隐藏,如图 2-2-9 所示。

图　2-2-8

图　2-2-9

注意:程序中不得使用变量。存盘时必须放在 5 号文件夹下,工程文件名为 sjt9-5. vbp,窗体文件名为 sjt9-5. frm。

第 6 题

在名称为 Form1 的窗体上画一个文本框,其名称为 Text1,初始内容空白;再画一个水平滚动条,其名称为 HS1,SmallChange 属性为 4,LargeChange 属性为 10,Min 属性为 0,Max 属性为 200,编写适当的事件过程。程序运行后,如果在文本框内输入一个数值(0～200),然后单击窗体,则把滚动条的滚动框移到相应位置,如图 2-2-10 所示。

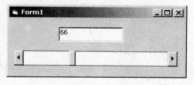

图　2-2-10

注意:程序中不要使用变量;存盘时必须存放在 6 号文件夹下,工程文件名为 sjt9-6. vbp,窗体文件名为 sjt9-6. frm。

第 7 题

在名称为 Form1、标题为"鼠标光标形状"的窗体上画一个名称为 Text1 的文本框。请通过属性窗口设置适当属性,使得程序运行时,鼠标在文本框中时,鼠标光标为箭头(Arrow)形状;在窗体中其他位置处,鼠标光标为十字(Cross)形状。

注意:存盘时必须存放在 7 号文件夹下,工程文件名为 sjt9-7. vbp,窗体文件名为 sjt9-7. frm。

第 8 题

在名称为 Form1 的窗体上画一个名称为 Image1 的图像框,利用属性窗口装入素材文件下的图像文件 pic1. bmp("指定盘\VB 程序设计实验素材\实验 2\基本操作题"文件夹),并设置适当属性使其中的图像可以适应图像框大小;再画两个命令按钮,名称分别为 Command1、Command2,标题分别为"向右移动"、"向下移动"。请编写适当的事件过程,使得在运行时,每单击"向右移动"按钮一次,图像向右移动 100;每单击"向下移动"按钮一次,图像框向下移动 100。运行时窗体如图 2-2-11 所示。要求程序中不得使用变量,事件过程中只能写一条语句。

注意:存盘时必须存放在 8 号文件夹下,工程文件名为 sjt9-8. vbp,窗体文件名为 sjt9-8. frm。

图 2-2-11

图 2-2-12

第 9 题

在名称为 Form1 的窗体上建立一个名称为 Commamd1 的命令按钮数组,含三个命令按钮,它们的 Index 属性分别是为 0、1、2 标题依次为"是"、"否"、"取消",每个按钮的高、宽均为 300、800。窗体的标题为"按钮窗口"。运行后的窗体如图 2-2-12 所示。

注意:存盘时必须存放在 9 号文件夹下,工程文件名为 sjt9-9.vbp,窗体文件名为 sjt9-9.frm。

第 10 题

在名称为 Form1 的窗体上建立一个二级下拉菜单(菜单项见表 2-2-1),运行时的窗体如图 2-2-13 所示。

表 2-2-1

第 1 级	第 2 级	名称	有效性
文件		File	有效
	打开	Open	有效
	关闭	Close	无效

注意:存盘时必须存放在 10 号文件夹下,工程文件名为 sjt9-10.vbp,窗体文件名为 sjt9-10.frm。

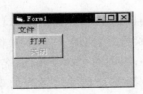

图 2-2-13

图 2-2-14

第 11 题

在名称为 Form1,标题为"窗体"的窗体上画一个标签,其名称为 Label1,标题为"等级考试",字体为"黑体",BorderStyle 属性为 1,且可以自动调整大小,再画一人框架,名称为 Frame1,标题为"科目",如图 2-2-14 所示。

注意:存盘时必须存放在 11 号文件夹下,工程文件名为 sjt9-11.vbp,窗体文件名为

sjt9-11. frm。

第 12 题

在名称为 Form1 的窗体上画两个图像框，其名称分别为 Image1 和 Image2，Stretch 属性分别为 True 和 False，然后通过属性窗口顺 Image1 中装入一个图形文件 pic. jpg（"指定盘\VB 程序设计实验素材\实验 2\基本操作题"文件夹），如图 2-2-15 所示，编写适当的事件过程。程序运行后，如果单击窗体，则可清除 Image1 中的图形，并把该图形复制到 Image2 中，如图 2-2-16 所示。

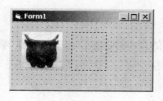
图　2-2-15

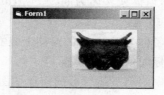
图　2-2-16

注意：要求程序中不得使用变量。存盘时必须存放在 12 号文件夹下，工程文件名为 sjt9-12. vbp，窗体文件名为 sjt9-12. frm。

第 13 题

在名称为 Form1 的窗体上画一个命令按钮，其名称为 Command1，如图 2-2-17 所示，然后通过属性窗口设置窗体和命令按钮的属性，实现如下功能：

（1）窗体标题为"设置按钮属性"。

（2）命令按钮的标题为"等级考试"。

（3）程序运行后，命令按钮不显示。

（4）命令按钮的标题用三号规则黑体显示。

程序的运行情况如图 2-2-18 所示。

图　2-2-17

图　2-2-18

要求：不编写任何代码。

注意：存盘时必须存放在 13 号文件夹下，工程文件名为 sjt9-13. vbp，窗体文件名为 sjt9-13. frm。

第 14 题

在名称为 Form1 的窗体上画一个标签，其名称为 Label1，在属性窗口中把 BorderStyle 属性设置为 1，如图 2-2-19 所示，编写适当的事件过程。程序运行后，如果单击窗体，则可使标签移到窗体的右上角（只允许在程序中修改适当属性来实现）。

程序的运行情况如图 2-2-20 所示。

图 2-2-19

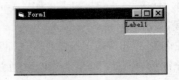

图 2-2-20

要求：不得使用任何变量。存盘时必须存放在 14 号文件夹下，工程文件名为 sjt9-14. vbp，窗体文件名为 sjt9-14. frm。

第 15 题

在名称为 Form1 的窗体上建立一个名称为 Op1 的单选按钮数组，含三个单选按钮，它们的标题依次为"选择 1"、"选择 2"、"选择 3"，其下标分别为 0、1、2，初始状态下，"选择 2"为选中状态。运行后的窗体如图 2-2-21 所示。

注意：存盘时必须存放在 15 号文件夹下，工程文件名为 sjt9-15. vbp，窗体文件名为 sjt9-15. frm。

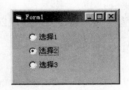

图 2-2-21

图 2-2-22

第 16 题

在名称为 Form1 的窗体上画一个文本框，名称为 Text1，无初始内容；再画一个图片框，名称为 P1。请编写适当的事件过程，使得在运行时，在文本框中每输入一个字符，就在图片框中输出一行文本框中的完整内容，运行时的窗体如图 2-2-22 所示。程序中不能使用任何变量。

注意：保存时必须存放在 16 号文件夹下，工程文件名为 sjt9-16. vbp，窗体文件名为 sjt9-16. frm。

第 17 题

在名称为 Form1 的窗体上画两个命令按钮，其名称分别为 Command1 和 Command2，标题分别为"扩大"和"移动"。如图 2-2-23 所示，编写适当的事件过程。程序运行后，如果单击 Command1 命令按钮，则使窗体在高、宽方向上各增加 0.2 倍（变为原来的 1.2 倍）；如果单击 Command2 命令按钮，则使窗体向右移动 200，向下移动 100。

要求：程序中不得使用变量。存盘时必须存放在 17 号文件夹下，工程文件名为 sjt9-17. vbp，窗体文件名为 sjt9-17. frm。

图 2-2-23

第 18 题

在名称为 Form1 的窗体上画一个标签,其名称为 Label1,标题为"计算机等级考试",Left 属性为 0;再画一个水平滚动条,其名称为 HScroll1,在属性窗口中设置其属性如下:

```
Min          0
Max          300
SmallChange  10
LargeChange  100
```

编写适当的事件过程。程序运行后,如果移动滚动条上的滚动框,则可使标签向相应的方向移动,标签距窗体左边框的距离等于滚动框的位置,程序的运行情况如图 2-2-24 所示。

要求:程序中不得使用变量,每个事件过程中只能写一条语句。存盘时必须存放在 18 号文件夹下,工程文件名为 sjt9-18.vbp,窗体文件名为 sjt9-18.frm。

图 2-2-24

图 2-2-25

第 19 题

在名称为 Form1 的窗体上画一个名称为 Frame1,标题为"目的地"的框架,在框架中添加三个复选框,名称分别为 Check1、Check2 和 Check3,其标题分别是"上海"、"广州"、"巴黎",其中"上海"为选中状态,"广州"为未选状态,"巴黎"为灰色状态,如图 2-2-25 所示。请画控件并设置相应属性。

注意:存盘时必须存放在 19 号文件夹下,工程文件名为 sjt9-19.vbp,窗体文件名为 sjt9-19.frm。

第 20 题

在名称为 Form1 的窗体上画一个文本框,其名称为 Text1,初始内容为空白;然后再画三个单选按钮,其名称分别为 Op1、Op2 和 Op3,标题分别为"单选按钮 1"、"单选按钮 2"和"单选按钮 3",编写适当的事件过程。程序运行后,如果单击"单选按钮 1"则在文本框中显示"1",单击"单选按钮 2"则在文本框中显示"2",依此类推。程序的运行结果如图 2-2-26 所示。

注意:程序中不要使用变量,每个单选按钮的事件过程中只能写一条语句;存盘时必须存放在 20 号文件夹下,工程文件名为 sjt9-20.vbp,窗体文件名为 sjt9-20.frm。

第 21 题

在名称为 Form1 的窗体上画一个文本框,名称为 Text1,字体为"黑体",文本框中的初始内容为"程序设计";再画一个命令按钮,名称为 C1,标题为"改变字体",如图 2-2-27 所示。请编写适当事件过程,使得在运行时,单击命令按钮,则把文本框中文字的字体改

"宋体"。

图 2-2-26

图 2-2-27

要求：程序中不得使用任何变量。保存时必须存放在 21 号文件夹下，工程文件名为 sjt9-21.vbp，窗体文件名为 sjt9-21.frm。

第 22 题

在名称为 Form1 的窗体上画一个命令按钮和一个垂直滚动条，其名称分别为 Command1 和 VScroll1，编写适当的事件过程。程序运行后，如果单击命令按钮，则按如下要求设置垂直滚动的属性：

```
Max=窗体高度
Min=0
LargeChange=50
Sma11Change=10
```

如果移动垂直滚动条的滚动框，则在窗体上显示滚动框的位置值。

程序的运行情况如图 2-2-28 所示。

要求：不得使用任何变量。存盘时必须存放在 22 号文件夹下，工程文件名为 sjt9-22.vbp，窗体文件名为 sjt9-22.frm。

图 2-2-28

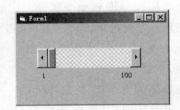

图 2-2-29

第 23 题

在名称为 Form1 的窗体上画一个名称为 H1 的水平滚动条，请在属性窗口中设置它的属性值，满足以下要求：它的最大刻度值为 100，最小刻度值为 1，在运行时鼠标单击滚动条上滚动框以外的区域（不包括两边按钮），滚动框移动 10 个刻度。再在滚动条下面画两个名称分别为 L1、L2 的标签，并分别显示 1、100，运行时的窗体如图 2-2-29 所示。

注意：存盘时必须存放在 23 号文件夹下，工程文件名为 sjt9-23.vbp，窗体文件名为 sjt9-23.frm。

第 24 题

在名称为 Form1 的窗体上画一个名称为 Image1 的图像框,有边框,并可以自动调整装入图片的大小以适应图像框的尺寸;再画三个命令按钮,名称分别为 Command1、Command2 和 Command3,标题分别为"红桃","黑桃"和"清除"。在"指定盘\VB 程序设计实验素材\实验 2\基本操作题"文件夹下有两个图标文件,其名称分别为"Misc34.ico"和"Misc37.ico"。程序运行时,单击"红桃"按钮,则在图像框中显示红桃图案(即 Misc34.ico 文件),如图 2-2-30 所示;单击"清除"按钮则清除图像框中的图案。请编写相应控件的 Click 事件过程,实现上述功能。

注意:要求程序中不得使用变量,每个事件过程中只能写一条语句。存盘时必须存放在 24 号文件夹下,工程文件名为 sjt9-24.vbp,窗体文件名为 sjt9-24.frm。

图 2-2-30

图 2-2-31

第 25 题

在名称为 Form1 的窗体上用名称为 shape1 的形状控件画一个长、宽都为 1200 的正方形。请设置适当的属性满足以下要求:

(1) 窗体的标题为"正方形",窗体的最小化按钮不可用。

(2) 正方形的边框为虚线(线型不限)。运行后的窗体如图 2-2-31 所示。

注意:存盘时必须存放在 25 号文件夹下,工程文件名为 sjt9-25.vbp,窗体文件名为 sjt9-25.frm。

第 26 题

在 Form1 的窗体上画一个标签,其名称为 Lab1;再画一个列表框,其名称为 L1,通过属性窗口向列表框中添加若干个项目,每个项目的具体内容不限,编写适当的事件过程。程序运行后,如果双击列表框中的任意一项,则把列表中的项目数在标签中显示出来。不得使用任何变量,如图 2-2-32 所示。

注意:存盘时必须存放在 26 号文件夹下,工程文件名为 sjt9-26.vbp,窗体文件名为 sjt9-26.frm。

第 27 题

在名称为 Form1 的窗体上画一个标签,名称为 L1,标签上显示"请输入密码",在标签的右边画一个文本框,名称为 Text1,其宽、高分别为 2000 和 300,设置适当的属性使得在输入密码时,文本框中显示"*"字符,此外再把窗体的标题设置为"密码窗口",以上这些设置都只能在属性窗口进行设置,运行时的窗体如图 2-2-33 所示。

注意:存盘时必须存放在 27 号文件夹下,工程文件为 sjt9-27.vbp,窗体文件名为 sjt9-27.frm。

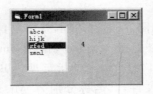

图 2-2-32 图 2-2-33

第 28 题

在名称为 Form1 的窗体上画一个图片框, 名称为 P1, 请编写适当的事件过程, 使得在运行时, 每单击图片框一次, 就在图片框中输出"单击图片框"一次, 每单击图片框的窗体一次, 就在窗体中输出"单击窗体"一次, 运行时的窗体如图 2-2-34 所示。要求程序中不得使用变量, 每个事件过程中只能写一条语句。

注意: 存盘时必须存放在 28 号文件夹下, 工程文件名为 sjt9-28.vbp, 窗体文件名为 sjt9-28.frm。

图 2-2-34 图 2-2-35

第 29 题

在 Form1 的窗体上画一个名称为 P1 的图片框, 然后建立一个主菜单, 标题为"操作", 名称为 Op, 该菜单有两个子菜单, 其标题分别为"显示"和"清除", 名称分别为 Dis 和 Clea, 编写适当的事件过程。程序运行后, 如果单击"操作"菜单中的"显示"命令, 则在图片框中显示"等级考试"; 如果单击"清除"命令, 则清除图片框中的信息。程序的运行情况如图 2-2-35 所示。

注意: 存盘时必须存放在 29 号文件夹下, 工程文件名为 sjt9-29.vbp, 窗体文件名为 sjt9-29.frm。程序中不得使用任何变量。

第 30 题

在 Form1 的窗体上画一个列表框, 名称为 L1, 通过属性窗口向列表框中添加 4 个项目, 分别为"AAAA"、"BBBB"、"CCCC"和"DDDD", 编写适当的事件过程, 过程中只能使用一条命令。程序运行后, 如果双击列表框中的某一项, 则把该项添加到列表框中。程序的运行情况如图 2-2-36 所示。

图 2-2-36

注意: 存盘时必须存放在 30 号文件夹下, 工程文件名为 sjt9-30.vbp, 窗体文件名为 sjt9-30.frm。

四、实验重点

(1)掌握利用属性窗口设置对象的属性值。

(2)学会使用代码窗口编写简单的代码。

五、实验难点

(1)掌握利用属性窗口设置对象的属性值。

(2)学会使用代码窗口编写简单的代码。

实验 2.2　简　单　应　用

一、实验目的

(1)熟练掌握3种基本的控制结构。

(2)掌握数组的概念及使用。

(3)掌握子过程和自定义函数过程的定义和调用方法。

(4)掌握界面设计的方法。

二、实验要求及实验内容

(1)运用3种基本的控制结构解决实际问题。

(2)应用数组解决与数组有关的常用算法。

(3)理解自定义过程的作用。

(4)熟悉程序设计中的常用算法。

三、实验方法及示例

1. 实验方法

在掌握3种基本的程序结构、数组及过程基础上,运用结构化程序设计、事件驱动和面向对象的程序设计的基本原理、主要方法、常用技巧解决实际问题。

2. 实验示例

示例1

打开"指定盘\VB程序设计实验素材\实验2\简单应用题\示例"文件夹,在此文件夹中

有一个工程文件 sjt3.vbp,运行情况如图 2-2-37 所示。程序的功能是计算如下表达式的值:
$$z=(x-2)!+(x-3)!+(x-4)!+\cdots+(x-n)!$$
其中的 n 和 x 值通过键盘分别输入到两个文本框 Text1、Text2 中。单击名称为 Command1、标题为"计算"的命令按钮,则计算表达式的值,并将计算结果显示在名称为 Label1 的标签中。

窗体文件中已经给出全部控件和程序,但程序不完整,请去掉程序中的注释符,把程序中的"?"改为正确的内容。

要求:程序调试通过后,必须按照如图 2-2-37 所示输入 n=5,x=2,然后计算 z 的值,并将计算结果显示在标签 Label1 中,否则没有成绩。

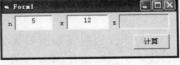

图 2-2-37

注意:不能修改程序中的其他部分和控件属性。最后把修改后的文件按原文件名存盘。

提供的源代码如下:

```
Private Function xn(m As Integer) As Long
    Dim i As Integer
    Dim tmp As Long
    'tmp=?
    For i=1 To m
      ' tmp =?
    Next
    ' ? =tmp
End Function
Private Sub Command1_Click()
    Dim n As Integer
    Dim i As Integer
    Dim t As Integer
    Dim z As Long, x As Single
    n=Val(Text1.Text)
    x=Val(Text2.Text)
    z=0
    For i=2 To n
        t=x-i
        'z=z+?
    Next
    Label1.Caption=z
    Call SaveResult
End Sub
Private Sub SaveResult()
    Open App.Path & "\out3.dat" For Output As #1
    Print #1, Label1.Caption
    Close #1
```

```
End Sub
```

【操作步骤】

（1）在 Visual Basic 集成环境中选择"文件"菜单中的"打开工程"命令项，在对话框中选择指定路径下的工程文件 sjt3.vbp，单击"打开"按钮打开文件。

（2）双击窗体上"计算"命令按钮，进入到代码编写窗口。

（3）完善代码。

```
Private Function xn(m As Integer) As Long
    Dim i As Integer
    Dim tmp As Long
    tmp=1
    For i=1 To m
        tmp=tmp * i
    Next
    xn=tmp
End Function
Private Sub Command1_Click()
    Dim n As Integer
    Dim i As Integer
    Dim t As Integer
    Dim z As Long, x As Single
    n=Val(Text1.Text)
    x=Val(Text2.Text)
    z=0
    For i=2 To n
        t=x-i
        z=z+xn(t)
    Next
    Label1.Caption=z
    Call SaveResult
End Sub
Private Sub SaveResult()
    Open App.Path & "\out3.dat" For Output As #1
    Print #1, Label1.Caption
    Close #1
End Sub
```

（4）运行窗体。运行窗体文件，单击"计算"按钮，测试程序运行结果是否达到程序所要求的功能。运行结果如图 2-2-38 所示。

（5）存盘保存。在"文件"菜单中分别选择"保存 sjt3.frm"，"保存工程"命令项，将修改后的文件按原文件名保存在当前路径下。

图 2-2-38

示例 2

打开"指定盘\VB 程序设计实验素材\实验 2\简单应用题\示例"文件夹,在此文件夹中有一个工程文件 sjt4. vbp。该程序的功能是将文件 in4. txt 中的文本读出并显示在文本框 Text1 中。在文本框 Text2 中输入一个英文字母,然后单击"统计"命令按钮,统计该字母(大小写被认为是不同的字母)在文本框 Text1 中出现的次数,统计结果显示在 Label3 中。

给出的窗体文件中已经有了全部控件,如图 2-2-39 所示。程序不完整,要求去掉程序中的注释符,把程序中的"?"改为正确的内容。

图　2-2-39

注意:不能修改程序中的其他部分和控件属性。最后把修改后的文件按原文件名存盘。

提供的源代码如下:

```
Private Sub Form_Load()
    Open App.Path & "\in4.txt" For Input As #1
    Line Input #1, s
'   Text1.Text=?
    Close #1
End Sub


Private Sub Command1_Click()
    Dim n As Integer
    s=Text1.Text
    s1=RTrim(Text2.Text)
    Do
'       p=InStr( ?)
        If p<>0 Then n=n+1
        s=Mid(s, p+1)
'   Loop While p ?0
'   Label3.Caption=?
End Sub
```

【操作步骤】

(1)在 Visual Basic 集成环境中选择"文件"菜单中的"打开工程"命令项,在对话框中选择指定路径下的工程文件 sjt4. vbp,单击"打开"按钮打开文件。

(2)单击窗体上 Text1 文本框,在属性窗口将其 Text 属性置空。双击"统计"命令按钮,进入到代码编写窗口。

（3）完善代码。

```
Private Sub Form_Load()
    Open App.Path & "\in4.txt" For Input As #1
    Line Input #1, s
    Text1.Text=Text1.Text+s+vbCrLf
    Close #1
End Sub

Private Sub Command1_Click()
    Dim n As Integer
    s=Text1.Text
    s1=RTrim(Text2.Text)
    Do
        p=InStr(s, s1)
        If p<>0 Then n=n+1
        s=Mid(s, p+1)
    Loop While p<>0
    Label3.Caption=n
End Sub
```

（4）运行窗体。运行窗体文件,单击"统计"按钮,测试程序运行结果是否达到程序所要求的功能。运行结果如图 2-2-40 所示。

图　2-2-40

（5）存盘保存。在"文件"菜单中分别选择"保存 sjt4.frm","保存工程"命令项,将修改后的文件按原文件名保存在当前路径下。

四、实验作业

第 1 题

（1）打开"指定盘\VB 程序设计实验素材\实验 2\简单应用题\1"文件夹,在此文件夹中有一个工程文件 sjt3.vbp,程序的功能是通过键盘向文本框中输入正整数。在"除数"框架中选择一个单选按钮,然后单击"处理数据"命令按钮,将大于文本框中的正整数,并且能够被所选除数整除的 5 个数添加到列表框 List1 中,如图 2-2-41 所示。在窗体文件中已经给出了全部控件,但程序不完整。

要求：去掉程序中的注释符，把程序中的"?"改为正确的内容，使其实现上述功能，但不能修改程序中的其他部分和控件属性。最后把修改后的文件按原文件名存盘。

(2) 打开"指定盘\VB 程序设计实验素材\实验 2\简单应用题\1"文件夹，在此文件夹中有一个工程文件 sjt4.vbp。程序运行后，单击"开始"按钮，图片自上而下移动，同时滚动条的滑块随之移动，每 0.5 秒移动一次。当图片顶端移动到距离窗体的下边界的距离少于 200 时，再回到窗体顶部，重新向下移动，如图 2-2-42 所示。在窗体文件中已经给出了全部控件，但程序不完整。

图　2-2-41

图　2-2-42

要求：去掉程序中的注释符，把程序中的"?"改为正确的内容，使其实现上述功能，但不能修改程序中的其他部分和控件属性。最后把修改后的文件按原文件名存盘。

第 2 题

(1) 打开"指定盘\VB 程序设计实验素材\实验 2\简单应用题\2"文件夹，在此文件夹中有一个工程文件 sjt3.vbp，其中的窗体如图 2-2-43 所示。程序开始运行时，会产生一个有 10 个元素的整型数组。若选中"查找最大值"(或"查找最小值")单选按钮，再单击"查找"按钮，则找出数组中的最大值(或最小值)，并显示在标签 Label2 中。请去掉程序中的注释符，把程序中的"?"改为正确的内容。

图　2-2-43

注意：不能修改窗体文件中已经存在的程序。最后把修改后的文件按原文件名存盘。

(2) 打开"指定盘\VB 程序设计实验素材\实验 2\简单应用题\2"文件夹，在此文件夹中有一个工程文件 sjt4.vbp，相应的窗体文件为 sjt4.frm，在窗体上有一个命令按钮和一个文本框。程序运行后，单击命令按钮，即可计算出 0～1000 范围内不能被 7 整除的整数的个数，并在文本框中显示出来。在窗体的代码窗口中，已给出了部分程序，其中计算不能被 7 整除的整数的个数的操作在通用过程 Fun 中实现，请编写该过程的代码。

要求：请勿改动程序中的任何内容，只在 Function Fun() 和 End Function 之间填入你编写的若干语句。最后把修改后的文件按原文件名存盘。

第 3 题

(1) 打开"指定盘\VB 程序设计实验素材\实验 2\简单应用题\3"文件夹，在此文件夹中有一个工程文件 sjt3. vbp，窗体中有两个控件数组，一个名称为 Text1，含有 3 个文本框；另一个名称为 Cmd，含有 3 个命令按钮，且"暂停"按钮的初始状态为不可用。如图 2-2-44 所示。请画一个计时器 Timer1，设置时间间隔为 1 秒，初始状态为不可用，并使程序实现如下功能：

① 单击"开始"按钮，则计时器 Timer1 和"暂停"按钮状态变为可用，且"开始"按钮的标题变为"继续"，且为不可用。同时，Text 的 3 文本框开始显示计时的小时、分、秒值。

② 单击"暂停"按钮，则 Timer1 停止工作，"暂停"按钮变为不可用，"继续"按钮变为可用。

③ 单击"继续"按钮，则 Timer1 接着开始工作，"继续"按钮变为不可用，"暂停"按钮变为可用。

④ 单击"结束"按钮，则结束程序运行。

要求：去掉程序中的注释符，把程序中的"?"改为正确的内容，使其实现上述功能，但不能修改程序中的其他部分。最后把修改后的文件按原文件名存盘。

（2）打开"指定盘\VB 程序设计实验素材\实验 2\简单应用题\3"文件夹，在此文件夹中有一个工程文件 sjt4. vbp，其窗体中有一个初始内容为空的文本框 Text1，两个标题分别是"读数据"和"计算"的命令按钮；请画一个标题为"所有行中最大数的平均值为"的标签 Label1，再画一个初始内容为空的文本框 Text2，如图 2-2-45 所示。

图　2-2-44

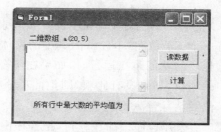

图　2-2-45

程序功能如下：

① 单击"读数据"按钮，则将考生文件夹下 in4. dat 文件的内容读入 20 行 5 列的二维数组 a 中，同时显示在 Text1 文本框中。

② 单击"计算"按钮，则自动统计二维数组中每行最大数的平均值（截尾取整），并将最终结果显示在 Text2 文本框中。

"读数据"按钮的 Click 事件过程已经给出，请编写"计算"按钮的 Click 事件过程实现上述功能。

注意： 不得修改窗体文件中已经存在的控件和程序，在结束程序运行前，必须进行"计算"，且必须用窗体右上角的关闭按钮结束程序，否则无成绩。最后，程序按原文件名存盘。

第 4 题

（1）打开"指定盘\VB 程序设计实验素材\实验 2\简单应用题\4"文件夹，在此文件夹中有一个工程文件 sjt3. vbp，其功能是：

① 单击"读数据"按钮,则把考生文件夹下 in3.dat 文件中的 20 个整数读入数组 a 中,同时显示在 Text1 文本框中。

② 单击"变换"按钮,则数组 a 中元素的位置自动对调(即第一个数组元素与最后一个数组元素对调,第二个数组元素与倒数第二个数组元素对调……),并将位置调整后的数组显示在文本框 Text2 中。

在窗体文件中已经给出了全部控件,如图 2-2-46 所示,但程序不完整。

要求:完善程序使其实现上述功能。

注意:不得修改窗体文件中已存在的控件和程序,在结束程序运行之前,必须执行"变换"操作,且必须用窗体右上角的关闭按钮结束程序,否则无成绩。最后程序按原文名存盘。

图 2-2-46

图 2-2-47

(2) 打开"指定盘\VB 程序设计实验素材\实验 2\简单应用题\4"文件夹,在此文件夹中有一个工程文件 sjt4.vbp,其中的窗体中有一个组合框和一个命令按钮,如图 2-2-47 所示。程序的功能是在运行时,如果在组合框中输入一个项目并单击命令按钮,则搜索组合框中的项目,如果没有此项,则把此项添加到列表中;如果有此项,则弹出提示:"已有此项",然后清除输入的内容。

要求:去掉程序中的注释符,把程序中的"?"改为正确的内容,使其实现上述功能,但不能修改程序中的其他部分,也不能修改控件的属性。最后把修改后的文件按原文件名存盘。

第 5 题

(1) 打开"指定盘\VB 程序设计实验素材\实验 2\简单应用题\5"文件夹,在此文件夹中有一个工程文件 sjt3.vbp。程序运行后,单击"读入数据",可把当前文件夹下的 in3.txt 文件中的所有英文单词读入,并显示在 Text1 文本框中;单击"插入列表框"按钮,则按顺序把每个单词作为一项添加到 List1 列表框中,如图 2-2-48 所示。

在 in3.txt 文件中每个单词之间用一个空格字符隔开,最后一个单词的后面没有空格。已经给出了全部控件和程序,但程序不完整。

要求:请去掉程序中的注释符,把程序中的"?"改为正确的内容,使其能正确运行,但不能修改程序中的其他部分和控件属性。最后用原来的文件名保存工程文件和窗体文件。

(2) 打开"指定盘\VB 程序设计实验素材\实验 2\简单应用题\5"文件夹,在此文件夹中有一个工程文件 sjt4.vbp。窗体中已经给出了所有控件,如图 2-2-49 所示。

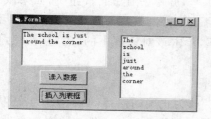

图 2-2-48

图 2-2-49

　　程序运行时,单击"读入文件"按钮,将显示一个"打开"对话框,可以在该对话框中选择当前文件夹下的文本文件 in4.txt,并把该文件的内容显示在 Text1 文本框中。给出的程序不完整。

　　要求:请去掉程序中的注释符,把程序中的"?"改为正确的内容,使其正确运行,但不能修改程序中的其他部分和控件属性。最后用原来的文件名保存工程文件和窗体文件。

　　第 6 题

　　(1) 打开"指定盘\VB 程序设计实验素材\实验 2\简单应用题\6"文件夹,在此文件夹中有一个工程文件 sjt3.vbp,其功能是:

　　① 单击"读数据"按钮,则把考生文件夹下 in3.dat 文件中的 100 个整数读入数组 a 中。

　　② 单击"统计"按钮,则找出这 100 个正整数中的所有完全平方数(一个整数若是另一个整数的平方,那么它就是完全平方数。例如:$36 = 6^2$,所以 36 就是一个完全平方数),并将这些完全平方数的最大值与个数分别显示在文本框 Text1、Text2 中。

　　在给出的窗体文件中已经有了全部控件,如图 2-2-50 所示,但程序不完整。要求完善程序使其实现上述功能。

　　注意:不得修改窗体文件中已存在的控件和程序,在结束程序运行之前,必须执行"统计",且必须用窗体右上角的关闭按钮结束程序,否则无成绩。最后,程序按原文名存盘。

　　(2) 打开"指定盘\VB 程序设计实验素材\实验 2\简单应用题\6"文件夹,在此文件夹中有一个工程文件 sjt4.vbp。窗体上有两个标题分别为"添加"和"退出"的命令按钮;一个内容为空的列表框 List1。请画一个标签,其名称为 Lable1,标题为"请输入编号";再画一个名称为 Text1,初始值为空的文本框,如图 2-2-51 所示。程序功能如下:

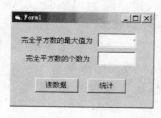

图 2-2-50

图 2-2-51

① 系统启动时,自动向列表框添加一个编号信息 a0001。

② 系统运行时,在文本框 Text1 中输入一个编号,并单击"添加"按钮时,如果该编号与已存在于列表框中的其他编号不重复,则将其添加到列表框 List1 已有项目之后;否则,将弹出"不允许重复输入,请重新输入!"对话框,单击该对话框中的"确定"按钮,可以重新输入。

③ 单击"退出"按钮,则结束程序运行。

要求:请去掉程序中的注释符,把程序中的"?"改为正确的内容,使其实现上述功能,但不能修改窗体文件中已经存在的控件和程序。最后把修改后的文件按原文名存盘。

第 7 题

(1) 打开"指定盘\VB 程序设计实验素材\实验 2\简单应用题\7"文件夹,在此文件夹中有一个工程文件 sjt3. vbp,其功能是:

① 单击"读数据"按钮,则把考生文件夹下 in3. dat 文件中的 100 个整数读入数组 a 中。

② 单击"计算"按钮,则找出这 100 个正整数中的所有完全平方数(一个整数若是另一个整数的平方,那么它就是完全平方数。例如:$36 = 6^2$,所以 36 就是一个完全平方数),并计算这些完全平方数的平均值,最后将计算所得平均值截尾取整后显示在文本框 Text1 中。

在给出的窗体文件中已经有了全部控件,如图 2-2-52 所示,但程序不完整。要求完善程序使其实现上述功能。

注意:不得修改窗体文件中已存在的控件和程序,在结束程序运行之前,必须进行"计算",且必须用窗体右上角的关闭按钮结束程序,否则无成绩。最后把修改后的文件按原文件名存盘。

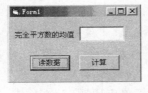

图　2-2-52

图　2-2-53

(2) 打开"指定盘\VB 程序设计实验素材\实验 2\简单应用题\7"文件夹,在此文件夹中有一个工程文件 sjt4. vbp,其窗体上有两个命令按钮和一个计时器。两个命令按钮的初始标题分别是"演示"和"退出";计时器 Timer1 的初始状态为不可用。请画一个名称为 Lable1,且能根据显示内容自动调整大小的标签,其标题为"Visual Basic 程序设计",显示格式为黑体小四号字,如图 2-2-53 所示。程序功能如下:

① 单击标题为"演示"的命令按钮时,则该按钮的标题自动变换为"暂停",且标签在窗体上从左向右循环滚动,当完全滚动出窗体右侧时,从窗体左侧重新进入。

② 单击标题为"暂停"的命令按钮时,则该按钮的标题自动变换为"演示",并暂停标签的滚动。

③ 单击"退出"按钮,则结束程序运行。

要求:请去掉程序中的注释符,把程序中的"?"改为正确的内容,使其实现上述功能,但不能修改窗体文件中已经存在的控件和程序。最后把修改后的文件按原文件名存盘。

第8题

(1) 打开"指定盘\VB 程序设计实验素材\实验 2\简单应用题\8"文件夹,在此文件夹中有一个工程文件 sjt3. vbp,相应的窗体文件为 sjt3. frm。在窗体上有一个名称为Command1、标题为"计算"的命令按钮;两个水平滚动条,名称分别为 Hscroll1 和Hscroll2,其 Max 属性均为 100,Min 属性均为 1;四个标签,名称分别为 Label1、Label2、Label3 和 Label4,标题分别为"运算数 1"、"运算数 2"、"运算结果"和空白;此外还有一个包含四个单选按钮的控件数组,名称为 Option1,标题分别为"＋"、"－"、"、""＊"和"/",如图 2-2-54 所示。程序运行后,移动两个滚动条中的滚动按钮,相应的计算结果将显示在 Label4 中。这个程序不完整,请把它补充完整,并能正确运行。

要求:去掉程序中的注释符,把程序中的"?"改为正确的内容,使其能正确运行,但不能修改程序中的其他部分。最后用原来的文件名保存工程文件和窗体文件。

(2) 打开"指定盘\VB 程序设计实验素材\实验 2\简单应用题\8"文件夹,在此文件夹中有一个工程文件 sjt4. vbp。窗体上的控件如图所示。程序运行时,若选中"阶乘"单选按钮,则"1000"、"2000"菜单项不可用,如图 2-2-55 所示,若选中"累加"单选按钮,则"10"、"12"菜单项不可用。选中菜单中的一个菜单项后,单击"计算"按钮,则相应的计算结果显示在文本框中(例如:选中"阶乘"和"10",则计算 10!,选中"累加"和"2000",则计算 $1＋2＋3＋\cdots＋2000$)。单击"存盘"按钮则把文本框中的结果保存到当前文件夹下的out4. dat 文件中。

图　2-2-54

图　2-2-55

要求:编写"计算"按钮的 Click 事件过程。

注意:不得修改已经存在的程序,在结束程序运行之前,必须用"存盘"按钮存储计算结果,否则无成绩。最后,程序按原文件名存盘。

注意:不得修改窗体文件中已存在的控件和程序,在结束程序运行之前,必须进行"计算",且必须用窗体右上角的关闭按钮结束程序,否则无成绩。最后把修改后的文件按原文件名存盘。

第 9 题

(1) 打开"指定盘\VB 程序设计实验素材\实验 2\简单应用题\9"文件夹,在此文件夹中有一个工程文件 sjt3. vbp,其中的窗体上有一个名称为 Cmd 的命令按钮控件数组;有一个名称为 Image1 的图像框。请画一个名称为 Timer1 的计时器,时间间隔为 3 秒,初始状态为不可用,如图 2-2-56 所示。

程序功能如下:

① 单击"前进"按钮,则 Timer1 的状态变为可用,且在图像框中显示 3 秒黄灯(图像文件为当前文件夹下的 yellow. ico)后,显示绿灯(图像文件为当前文件夹下的 green. ico)直至下次单击某个命令按钮。

② 单击"停止"按钮,则 Timer1 的状态变为可用,且在图像框中显示 3 秒黄灯(图像文件为当前文件夹下的 yellow. ico)后,显示红灯(图像文件为当前文件夹下的 red. ico)直至下次单击某个命令按钮。

③ 单击"结束"按钮,则结束程序运行。

请将命令按钮的 Click 事件过程中的注释符去掉,把程序中的"?"改为正确的内容,以实现上述程序功能。

注意:不得修改窗体文件中已经存在的控件和程序,最后把修改后的文件按原文件名存盘。

图　2-2-56

图　2-2-57

(2) 打开"指定盘\VB 程序设计实验素材\实验 2\简单应用题\9"文件夹,在此文件夹中有一个工程文件 sjt4. vbp,其中的窗体上已有如图 2-2-57 所示的控件。程序功能如下:

① 单击"读数据"按钮,则将当前文件夹下 in4. dat 文件中的内容(该文件中仅含有字母和空格)显示在 Text1 文本框中。

② 在 Text1 中选中部分文本,并单击"统计"按钮,则以不区分大小写字母的方式,自动统计选中文本中同时出现 o、n 两个字母的单词的个数(如 million、company 都属于满足条件的单词),并将统计结果显示在 Text2 文本框中。

请将"统计"按钮的 Click 事件过程中的注释符去掉,把程序中的"?"改为正确的内容,以实现上述程序功能。

注意:不得修改窗体文件中已经存在的控件和程序,最后把修改后的文件按原文件名存盘。

第 10 题

(1) 打开"指定盘\VB 程序设计实验素材\实验 2\简单应用题\10"文件夹,在此文件夹中有一个工程文件 sjt3. vbp,窗体上有两个标题分别是"读数据"和"统计"的命令按钮,请添加一个名称为 Label1、标题为"回文的个数为"的标签和一个名称为 Text1,初始值为空的文本框,如图 2-2-58 所示。程序功能如下:

① 单击"读数据"按钮,则将当前文件夹下 in3. dat 文件的内容读到变量 s 中。

② 单击"统计"按钮,则统计 in3. dat 文件(该文件中仅含由空格间隔开的字母串)中回文的个数,并将统计的回文个数显示在 Text1 文本框内(所谓回文是指顺读与倒读都一样的字符串,如"rececer")。

"读数据"和"统计"按钮的 Click 事件过程已经给出,请完整 Function 过程 findhuiwen 的功能,实现上述程序功能。

注意:不得修改窗体文件中已存在的控件和程序,在结束程序运行之前,必须先进行统计,且必须用窗体右上角的关闭按钮结束程序,否则无成绩。最后程序按原文名存盘。

图　2-2-58

图　2-2-59

(2) 打开"指定盘\VB 程序设计实验素材\实验 2\简单应用题\10"文件夹,在此文件夹中有一个工程文件 sjt4. vbp,如图 2-2-59 所示,其功能是:

① 单击"读数据"按钮,则把当前文件夹下 in4. dat 文件中已按升序方式排列的 60 个数读入数组 A,并显示在 Text1 中。

② 单击"输入"按钮将弹出输入框,供接收用户输入的任意一个数。

③ 单击"删除"按钮,则首先判断"输入"的数是否存在于 A 数组中,若不存在,则给出相应提示,若存在,则将该数从数组 A 中删除,并将删除后 A 数组的内容重新显示在 Text1 中。

要求:去掉"删除"按钮 Click 事件过程中的注释符,最后将修改后的文件按原文名存盘。

注意:不得修改窗体文件中已存在的控件和程序,在结束程序运行之前,必须进行"计算",且必须用窗体右上角的关闭按钮结束程序,否则无成绩。最后把修改后的文件按原文件名存盘。

五、实验重点

(1) 单分支与双分支条件语句的使用。

（2）情况语句与多分支条件语句的区别。

（3）For 语句、Do 语句的使用方法。

（4）数组的声明和引用形式。

（5）子程序过程和自定义函数过程的调用方法。

（6）变量、函数和过程的作用域。

六、实验难点

（1）基本的程序结构的嵌套使用。

（2）与数组有关的常用算法。

（3）子程序过程和自定义函数过程调用中形参和实参的对应关系。

（4）程序设计中的常用算法。

实验 2.3 综 合 应 用

一、实验目的

（1）熟练掌握程序编写的一般过程。

（2）熟练掌握 Visual Basic 中对象的属性、事件和方法。

（3）掌握 Visual Basic 的控制结构。

（4）掌握数组的声明和灵活运用。

（5）掌握过程的定义及调用。

（6）掌握多窗体、菜单的使用。

（7）掌握鼠标键盘、对话框的使用。

（8）掌握顺序文件、随即文件和文件系统控件的使用。

二、实验要求及实验内容

（1）灵活运用控件的属性、事件和方法。

（2）灵活运用分支、循环等控制结构。

（3）综合运用数组、过程编写程序。

（4）综合运用多窗体、菜单的创建和使用。

（5）综合运用鼠标键盘和对话框。

（6）掌握顺序文件、随机文件的打开、读写操作和关闭。

（7）掌握文件系统控件的使用。

三、实验方法及示例

1. 实验方法

启动 Visual Basic 应用程序,打开题目所提供的素材文件,按照实验操作的要求,结合所学的 Visual Basic 程序设计的相关知识,完成相应的程序功能。一般需要在打开题目提供素材的基础上,在代码窗口编写或修改相应的程序代码,读取或写入数据文件,完成程序的编写。最后,按照实验要求的文件名进行保存。

2. 实验示例

在"指定盘\VB 程序设计实验素材\实验 2\综合应用题\示例"文件夹下有一个工程文件 exp9-3.vbp,相应的窗体文件为 exp9-3.frm,此外还有一个名为 datain.txt 的文本文件,其内容如下:

32 43 76 58 28 12 98 57 31 42 53 64 75 86 97 13 24 35 46 57 68 79 80 59 37

程序运行后单击窗体,将把文件 datain.txt 中的数据输入到二维数组 Mat 中,在窗体上按 5 行、5 列的矩阵形式显示出来,并输出矩阵右上-左下对角线上的数据,如图 2-2-60 所示。在窗体的代码窗口中,已给出了部分程序,这个程序不完整,请把它补充完整,并能正确运行。

要求:去掉程序中的注释符,把程序中的"?"改为正确的内容,使得实现上述功能,但不能修改程序中的其他部分。最后把修改后的文件按原文件名存盘。

图 2-2-60

【操作步骤】

(1) 打开指定的程序文件。启动 Visual Basic 应用程序,打开应用程序。单击"文件"菜单中的"打开工程"命令,打开"打开工程"对话框,选择"指定盘\VB 程序设计实验素材\实验 2\综合应用题\示例"文件夹下的 exp9-3.vbp 文件。然后单击"打开"。

(2) 编写代码并调试。单击"资源管理器"下的"查看代码"窗口,可以看到题目给出的代码,如图 2-2-61 所示。

根据题目要求,将把文本文件 datain.txt 中的数据读出并赋给二维数组 Mat,在窗体上按 5 行、5 列的矩阵形式显示出来,并输出矩阵右上-左下对角线上的数据,如图 2-2-61 所示。图中"?"的答案依次如下。

```
Dim Mat(N, M)              '声明 Mat 数组是 N 行 M 列的二维数组
Open App.Path & "\" & "datain.txt" For Input As #1      '打开文本文件
Input #1, Mat(i, j)      '将文本文件中的数据分别放到数组 Mat 中
If i+j=6 Then            '如果数组上行列数的和是 6,那么数组元素是矩阵右上-左下对角线
                        '上的数据
```

(3) 运行并保存程序。

```
厚 工程1 - Form1 (Code)                              □×
Form                        Click
    Option Base 1
    Private Sub Form_Click()
        Const N = 5
        Const M = 5
        Dim ?
        Dim i, j
        Open App.Path & "\" & "datain.txt"  ?  As #1
        For i = 1 To N
            For j = 1 To M
                ?
            Next j
        Next i
        Close #1

        Print
        Print "初始矩阵为："
        Print
        For i = 1 To N
            For j = 1 To M
                Print Tab(5 * j); Mat(i, j);
            Next j
            Print
        Next i

        Print: Print
        Print "右上 - 左下对角线上的数为："

        For i = 1 To N
            For j = 1 To M
                If ? Then
                    Print Tab(5 * i); Mat(i, j);
                End If
            Next j
        Next i
    End Sub
```

图   2-2-61

按 F5 键运行，在窗体上单击，窗体上出现运行结果如图 2-2-60 所示。

单击"文件"菜单下的"保存工程"命令，即把修改后的文件按原文名存盘。

四、实验作业

第 1 题

在"指定盘\VB 程序设计实验素材\实验 2\综合应用题\1"文件夹下有一个工程文件
sjt5.vbp，界面如图 2-2-62 所示，其功能如下：

(1) 单击"读数据"按钮，则把 1 号文件夹文件 in5.dat
中的 12 组整数（其中每组含有 10 个数，总计 120 个整数）
读到数组 a 中。

(2) 单击"计算"按钮，则对每组数求平均值（求平均值
的规则为：先找出每组数中的最大值，再求每组数去掉它
的一个最大值之后的平均值），并将所求各组数的平均值截
尾取整后存入 s 数组中。

(3) 单击"显示"按钮，则将所求各组数的平均值显示
在文本框 Text1 中。

(4) 单击"存盘"按钮则把计算结果存盘。

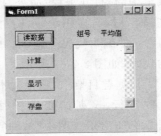

图   2-2-62

在给出的窗体文件中已经有了全部控件，且"读数据"、"显示"和"存盘"按钮的 Click
事件过程已经给出，请为"计算"按钮编写适当的事件过程以实现上述功能。

注意：不得修改已经存在的程序，在结束程序运行之前，必须用"存盘"按钮存储计算结果，否则无成绩。最后，程序按原文名存盘。

第 2 题

在窗体上画一个文本框，其名称 Text1，初始内容为空白，并设置成多行显示格式；然后再画两个命令按钮，其名称分别为 Command1 和 Command2，标题分别为"显示"和"保存"，如图 2-2-63 所示，编写适当的事件过程。程序运行后，如果单击"显示"命令按钮，则读取考生文件夹下的 in5. txt 文件，并在文本框中显示出来，该文件是一个用随机存取方式建立的文件，共有 5 个记录，要求按记录号顺序显示全部记录，每个记录一行；如果单击"保存"命令按钮，则把所有记录保存到考生文件夹下顺序的文件 out5. txt 中。随机文件out5. txt 中的每个记录包括 3 个字段，分别为姓名、性别和年龄，其名称和长度分别为：

```
Name    字符串    8
Sex     字符串    4
Age     Integer
```

其类型定义为：

```
Private Type StudInfo
    Name As String * 8
    Sex As String * 4
    Age As Integer
End Type
```

要求：

（1）文件 out5. txt 以顺序存取方式建立和保存。

（2）存盘时必须存放在"指定盘\VB 程序设计实验素材\实验 2\综合应用题\2"文件夹下，工程文件名为 sjt5. vbp，窗体文件名为 sjt5. frm。

图　2-2-63

图　2-2-64

第 3 题

在"指定盘\VB 程序设计实验素材\实验 2\综合应用题\3"文件夹下有一个工程文件sjt5. vbp，窗体上有两个标题分别是"读数据"和"统计"的命令按钮。请画两个标签，名称分别为 Label1 和 Label2，标题分别为"出现次数最多的字母是"和"它出现的次数为"；再画两个名称分别为 Text1 和 Text2，初始值为空的文本框，如图 2-2-64 所示。

程序功能如下：

（1）单击"读数据"按钮，则将考生文件夹下 in5. dat 文件的内容读到变量 s 中（此过程已给出)。

(2) 单击"统计"按钮,则自动统计 in5.dat 文件中所含各字母(不区分大小写)出现的次数,并将出现次数最多的字母显示在 Text1 文本框内,它所出现的次数显示在 Text2 文本框内。

"读数据"按钮的 Click 事件过程已经给出,请为"统计"按钮编写适当的事件过程实现上述功能。

注意:不得修改窗体文件中已经存在的控件和程序,在结束程序运行之前,必须进行统计,且必须用窗体右上角的关闭按钮结束程序,否则无成绩。最后,程序按原文件名存盘。

第 4 题

在"指定盘\VB 程序设计实验素材\实验 2\综合应用题\4"文件夹下有一个工程文件 sjt5.vbp,用来计算勾股定理整数组合的个数。勾股定理中 3 个数的关系是:$a^2 + b^2 = c^2$。例如,3、4、5 就是一个满足条件整数组合(注意:4、3、5 与 3、4、5 被视为同一个数组组合)。编写程序,统计三个数均在 60 以内满足上述关系的整数组合的个数,并显示在标签 Label1 中。

注意:不得修改原有程序和控件的属性。在结束程序运行之前,必须至少正确运行一次程序,将统计的结果显示在标签中,否则无成绩。最后把修改后的文件按原文件名存盘。

第 5 题

在"指定盘\VB 程序设计实验素材\实验 2\综合应用题\5"文件夹下有一个工程文件 sjt5.vbp。程序运行时,单击"装入数据"按钮,则从考生目录下的 in5.txt 文件中读入所有城市名称和距离,城市名称按顺序添加到列表框 List1 中,距离放到数组 a 中;当选中列表框中的一个城市时,它的距离就显示在 Text1 中,如图 2-2-65 所示;此时,单击"计算运费"按钮,则计算到该城市的每吨运费(结果取整,不四舍五入),并显示在 Text2 中。

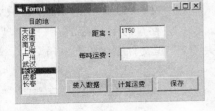

图 2-2-65

每吨运费的计算方法是:

$$距离 \times 折扣 \times 单价$$

其中单价为 0.3。

折扣为:

- 距离 < 500,折扣为 1;
- 500 ≤ 距离 < 1000,折扣为 0.98;
- 1000 ≤ 距离 < 1500,折扣为 0.95;
- 1500 ≤ 距离 < 2000,折扣为 0.92;
- 2000 ≤ 距离,折扣为 0.9。

单击"保存"按钮,则把距离和每吨运费存到文件 out5.txt 中。

已经给出了所有控件和部分程序,要求:

（1）去掉程序中的注释符，把程序中的"？"改为正确的内容。

（2）编写列表框的 Click 事件过程。

（3）编写"计算费用"按钮的 Click 事件过程。

注意：不得修改已经存在的程序；在退出程序之前，必须至少计算一次运费，且必须用"保存"按钮存储计算结果，否则无成绩。最后，程序按原文名存盘。

第 6 题

在"指定盘\VB 程序设计实验素材\实验 2\综合应用题\6"文件夹中有一个工程文件 sjt5.vbp，其功能是，找出矩阵元素的最大值，并求出矩阵对角线元素之和，窗体外观如图 2-2-66 所示。程序运行时，矩阵数据被放入二维数组 a 中。当单击"找矩阵元素最大值"命令按钮时，找出矩阵中最大的数，并显示在标签 Label3 中。当单击"对角线元素之和"命令按钮时，计算矩阵主对角线元素之和，并显示在标签 Label4 中。文件中已给出部分程序，请编写"找矩阵元素最大值"及"对角线元素之和"两个命令按钮的事件过程中的部分程序代码。

注意：不得修改程序的其他部分和控件属性。最后把修改后的文件按原文件名存盘。

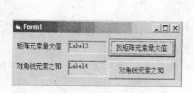

图　2-2-66

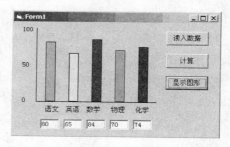

图　2-2-67

第 7 题

在"指定盘\VB 程序设计实验素材\实验 2\综合应用题\7"文件夹下有一个工程文件 sjt5.vbp，文件 in5.txt 中有 5 组数据，每组 10 个，依次代表语文、数学、物理、化学这 5 门课程 10 个人的成绩。程序运行时，单击"读入数据"按钮，可从文件 in5.txt 中读入数据放到数组 a 中。单击"计算"按钮，则计算 5 门课程的平均分（平均分取整），并依次放入 Text1 文本框数组中。单击"显示图形"按钮，则显示平均分的直方图，如图 2-2-67 所示。窗体文件中已经有了全部控件，但程序不完整，要求去掉程序中的其他部分和控件属性。最后把修改后的文件按原文件名存盘。

第 8 题

在"指定盘\VB 程序设计实验素材\实验 2\综合应用题\8"文件夹下有一个工程文件 sjt5.vbp，相应的窗体文件为 sjt5.frm。在窗体上有两个命令按钮，其名称分别为 Command1 和 Command2，标题分别为"写文件"和"读文件"，如图 2-2-68 所示。其中"写文件"命令按钮事件过程用来建立一个通信录，以随机存取方式保存到文件 t5.txt 中；而"读文件"命令按钮事件过程用来读出文件 t5.txt 中的每个记录，并在窗体上显示出来。

通信录中的每个记录由 3 个字段组成，结构如下：

姓名 (Name)	电话 (Tel)	邮政编码 (Pos)
LiuMingLiang	(010)62781234	100082
…	…	…

各字段的类型和长度为：

姓名 (Name)	字符串	15
电话 (Tel)	字符串	15
邮政编码 (Pos)	长整型 (Long)	

程序运行后，如果单击"写文件"命令按钮，则可以随机存取方式打开文件 t5.txt，并根据提示向文件中添加记录，每写入一个记录后，都要询问是否再输入新记录，回答 Y(或 y)则输入新记录，回答 N(或 n)则停止输入；如果单击"读文件"命令按钮，则可以随机存取文式打开文件 t5.txt，读出文件中的全部记录，并在窗体上显示出来，如图 2-2-68 所示。该程序不完整，请把它补充完整。

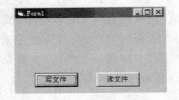

图 2-2-68

要求：

(1) 去掉程序中的注释符，把程序中的"?"改为正确的内容，使其能正确运行，但不能修改程序中的其他部分。

(2) 文件 t5.txt 中已有 3 个记录，如图 2-2-69 所示，请运行程序，单击"写文件"命令按钮，向文件 t5.txt 中添加以下两个记录（全部采用西文方式）：

LiDaqing   (027)87348765   430065
ChenQingshan (022)36874321   300120

(3) 运行程序，单击"读文件"命令按钮，在窗体上显示全部记录（共 5 个）。

(4) 用原来的文件名保存工程文件和窗体文件。

图 2-2-69

图 2-2-70

第 9 题

在"指定盘\VB 程序设计实验素材\实验 2\综合应用题\9"文件夹下有一个工程文件 sjt5.vbp，其窗体上有两个标题分别为"读数据"和"统计"的命令按钮。请画两个标签，其名称分别为 Label1 和 Label2，标题分别为"单词的平均长度为"和"最长单词的长度为"；再画两个名称分别 Text1 和 Text2，初始内容为空的文本框，如图 2-2-70 所示。程序功能如下：

（1）如果单击"读数据"命令按钮,则将考生文件夹下 in5. dat 文件的内容读到变量 s 中(此过程已给出)。

（2）如果单击"统计"按钮,则自动统计变量 s(s 中仅含有字母和空格,而空格是用来分隔不同单词的)中每个单词的长度,并将所有单词的平均长度(四舍五入取整)显示在 Text1 文本框内,将最长单词的长度显示在 Text2 文本框内。

"读数据"命令按钮的 Click 事件过程已经给出,请为"统计"命令按钮编写适当的事件过程,实现上述功能。

注意：不得修改窗体文件中已经存在的控件和程序,在结束程序之前,必须进行统计,且必须通过单击窗体右上角的"关闭"按钮结束程序,否则无成绩。最后,程序按原文件名存盘。

第 10 题

在"指定盘\VB 程序设计实验素材\实验 2\综合应用题\10"文件夹下有一个工程文件 sjt5. vbp,其名称为 Form1 的窗体上已有三个文本框 Text1、Text2、Text3 以及程序。请完成以下工作：

（1）在属性窗口中修改 Text3 的适当属性,使其在运行时不显示,作为模拟的剪贴板使用。窗体如图 2-2-71 所示。

（2）建立下拉式菜单,如表 2-2-2 所示。

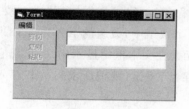

图 2-2-71

表 2-2-2

标题	名称
编辑	Edit
剪切	Cut
复制	Copy
粘贴	Paste

（3）窗体文件中给出了所有事件过程,但不完整,请去掉程序中的注释符,把程序中的"?"改为正确的内容,以便实现以下功能：当光标所在的文本框中无内容时,"剪切"、"复制"不可用,否则可以把该文本框中的内容剪切或复制到 Text3 中;若 Text3 中无内容,则"粘贴"不能用,否则可以把 Text3 中的内容粘贴在光标所在的文本框中的内容之后。

注意：不能修改程序中的其他部分。各菜单项的标题名称必须正确。最后把修改后的文件按原文件名存盘。

第 11 题

在窗体上建立三个菜单(名称分别为 Read、Calc 和 Save,标题分别为"读入数据"、"计算并输出"和"存盘"),然后画一个文本框(名称为 Text1,MultiLine 属性设置为 True,ScrollBars 属性设置为 2),如图 2-2-72 所示。程序运行后,如果执行"读入数据"命令,则读入 datain1. txt 文件中的 100 个整数,放入一个数组中,数组的下界为 1;如果单击"计算并输出"按钮,则把该数组中下标为奇数的元素在文本框中显示出来,求出它们之和,并把所求得的和在窗体上显示出来;如果单击"存盘"按钮,则把所求得的和存入当前文件夹下的 dataout. dat 文件中。

在"指定盘\VB 程序设计实验素材\实验 2\综合应用题\11"文件夹下有一个工程文件 sjt5. vbp,可以装入该文件。窗体文件中的 ReadData 过程可以把指定的整数值写到11 号文件夹下指定的文件中(整数值通过计算求得,文件名为 dataout. dat)。

注意:不得修改窗体文件中已经存在的程序。存盘时,工程文件名为 sjt5. vbp,窗体文件名为 sjt5. frm。

图 2-2-72

图 2-2-73

第 12 题

在窗体上建立三个菜单(名称分别为 Read、Calc 和 Save,标题分别为"读入数据"、"计算并输出"和"存盘"),然后画一个文本框(名称为 Text1,MultiLine 属性设置为 True,ScrollBare 属性设置为 2),如图 2-2-73 所示。程序运行后,如果执行"读入数据"命令,则读入 datain1. txt 文件中的 100 个整数,放入一个数组中,数组的下界为 1;如果单击"计算并输出"按钮,则把该数组中可以被 3 整除的元素在文本框中显示出来,求出它们的和,并把所求得的和在窗体上显示出来;如果单击"存盘"按钮,则把所求得的和存入当前文件夹下的 dataout. txt 文件中。

在"指定盘\VB 程序设计实验素材\实验 2\综合应用题\12"文件夹下有一个工程文件 sjt5. vbp,可以装入该文件。窗体文件中的 ReadDate 过程可以把 datain1. txt 文件中的 100 个整数读入 Arr 数组中;而 WriteData 过程可以把指定的整数值写到 12 号文件下指定的文件中(整数值通过计算求得,文件名为 dataout. txt)。

注意:不得修改窗体文件中已经存在的程序。存盘时,工程文件名仍为 sjt5. vbp,窗体文件名仍为 sjt5. frm。

第 13 题

在窗体上画一个文本框,名称为 Text1(可显示多行),然后再画三个命令按钮,名称分别为 Command1、Command2 和 Command3,标题分别为"读数"、"统计"和"存盘",如图 2-2-74 所示。程序的其功能是:单击"读数"按钮,则把"指定盘\VB 程序设计实验素材\实验 2\综合应用题\13"文件夹下的 in5. txt 文件中的所有英文字符放入 Text1(可多行显示);单击"统计"按钮,找出并统计英文字母 i,j,k,l,m,n(不区分大小写)各自出现的次数;单击"存盘"按钮,将字母 i 到 n 出现的次数的统计结果依次存到 13 号文件夹下顺序文件 out5. txt 中。

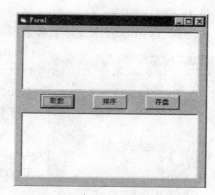

图 2-2-74　　　　　　　　　　　　　　　　图 2-2-75

第 14 题

在"指定盘\VB 程序设计实验素材\实验 2\综合应用题\14"文件夹下有一个工程文件名为 sjt5. vbp,窗体上有两个文本框,名称为 Text1、Text2,都可以多行显示。还有三个命令按钮,名称分别为 C1、C2 和 C3,标题分别为"取数"、"排序"和"存盘"。"取数"按钮的功能是把 14 号文件夹下的 in5. dat 文件中的 50 个整数读到数组中,并在 Text1 中显示出来;"排序"按钮的功能是对这 50 个数按升序排序,并显示在 Text2 中;"存盘"按钮的功能是把排好序的 50 个数和存到 14 号文件夹下的 out5. dat 文件中,如图 2-2-75 所示。在窗体中已经给出了全部控件和部分程序,要求阅读程序并去掉程序中的注释,把程序中的"?"改为正确的内容,并编写"排序"按钮的 Click 事件过程,使其实现上述功能,但不能修改程序中的其他部分,也不能修改控件的属性。最后把修改后的文件按原文件名存盘。

第 15 题

在窗体上建立三个菜单(名称分别为 Read、Calc 和 Save,标题分别为"读入数据"、"计算并输出"和"存盘"),然后画一个文本框,如图 2-2-76 所示。程序运行后,如果执行"读入数据"命令,则读入 datain1. txt 文件中的 100 个整数,放入一个数组中,数组的下界为 1;如果单击"计算并输出"按钮,则把该数组中下标为偶数的元素在文本框中显示出来,求出它们的和,并把所求得的和在窗体上显示出来;如果单击"存盘"按钮,则把所求得的和存入"指定盘\VB 程序设计实验素材\实验 2\综合应用题\15"文件夹下的 dataout. txt 文件中。

图 2-2-76

在 15 号文件夹下有一个工程文件 sjt5. vbp,考生可以装入该文件。窗体文件中的 ReadDate 过程可以把 datain1. txt 文件中的 100 个整数读入 Arr 数组中;而 WriteData 过程可以把指定的整数值写到 15 号文件下指定的文件中(整数值通过计算求得,文件名为 dataout. txt)。

不得修改窗体文件中已经存在的程序。存盘时,工程文件名仍为 sjt5. vbp,窗体文件名仍为 sjt5. frm。

第 16 题

在"指定盘\VB 程序设计实验素材\实验 2\综合应用题\16"文件夹下有一个工程文

件 sjt5.vbp,窗体上有两个标题分别是"读数据"和"统计"的命令按钮和初始值为空、名称分别为 Text1 和 Text2 的两个文本框,如图 2-2-77 所示。

程序功能如下:

(1) 单击"读数据"按钮,则将考生文件夹下 in5.dat 文件的内容(该文件中仅含有字母和空格)显示在 Text1 文本框中(此过程中已给出)。

图 2-2-77

(2) 在 Text1 文件框中先遣内容后,单击"统计"按钮,则统计先遣文本中出现次数最多的字母(不区分大小写),以大写形式在 Text2 文本框内显示这些出来次数最多的字母。

请将"统计"按钮 Click 事件过程中的注释符去掉,把"?"改为正确的内容,以实现上述程序功能。

注意:不得修改窗体文件中已存在的控件和程序,最后将修改后的文件按原文名存盘。

第 17 题

在"指定盘\VB 程序设计实验素材\实验 2\综合应用题\17"文件夹下有一个工程文件 sjt5.vbp,含三个窗体,标题分别为"启动"、"注册"和"登录",运行时显示"启动"窗体,单击其上按钮时弹出对应窗体进行注册或登录。

注册信息放在全局数组 users 中,注册用户数(最多 10 个)放在全局变量 n 中(均已在标准模块中定义)。

注册时用户名不能重复,且"口令"与"验证口令"须相同,注册成绩则在"启动"窗体的标签中显示"注册成功",否则显示相应错误信息。登录时,检验用户名和口令,若正确,则在"启动"窗体的标签上显示"登录成功",否则显示相应错误信息。

标准模块中函数 finduser 的功能是:在 users 数组中探索用户名(即参数 ch),找到则返回该用户名在 users 中的位置,否则返回 0。

已经给出了所有控件和程序,但程序不完整,请去掉程序中的注释符,把 Form2、Form3 窗体文件中的"?"改为正确的内容。

注意:不得修改已经存在的内容和控件属性;最后,程序按原文名存盘。

第 18 题

在"指定盘\VB 程序设计实验素材\实验 2\综合应用题\18"文件夹下有文件 in5.txt,文件中有几行汉字。请在 Form1 的窗体上画一个文本框,名称 Text1,能显示多行,再画一个命令按钮,名称 C1,标题为"存盘"。编写适当的事件过程,使得在加载窗体时,把 int5.txt 文件的内容显示在文本框中,然后在文本的最前面手工插入一行汉字:计算机等级考试。如图 2-2-78 所示。最后单击"存盘"按钮,把文本框中修改过的内

图 2-2-78

容存到文件 out5. txt 中。

注意：只能在最前面插入文字，不能修改原有文字。文件必须存放在 18 号文件夹下，以 sjt5. vbp 为文件名存储工程文件，以 sjt5. frm 为文件名存储窗体文件。

第 19 题

在"指定盘\VB 程序设计实验素材\实验 2\综合应用题\19"文件夹下有一个工程文件 sjt5. vbp，在该工程文件中已经定义了一个学生记录类型数据 StudType。有三个标题分别为"学号"、"姓名"和"平均分"的标签；三个初始内容为空，用于接收学号、姓名和平均分的文本框 Text1、Text2 和 Text3；一个用于显示排序结果的图片框。还有两个程序分别为"添加"和"排序"的命令按钮，如图 2-2-79 所示。

程序功能如下：

（1）在 Text1、Text2 和 Text3 三个文本框中输入学号、姓名和平均分后，单击"添加"按钮，则将输入内容存入自定义的学生记录类型数组 Stud 中。最多只能输入 10 个学生信息，且学号不能为空。

（2）单击"排序"按钮，则将学生记录类型数组 Stud 中存放的学生信息，按平均分降序排列的方式显示在图片框中，每个 Stud 数组的一个元素显示在一行，且显示三项信息。

请将"添加"、"排序"按钮 Click 事件过程中的注释符去掉，把"?"改为正确的内容，以实现上述功能。

注意：不得修改窗体文件中已存在的程序控件和程序，最后把修改后的文件按原文件名存盘。

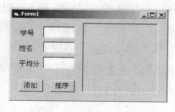

图 2-2-79

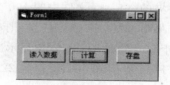

图 2-2-80

第 20 题

在"指定盘\VB 程序设计实验素材\实验 2\综合应用题\20"文件夹下有工程文件 sjt5. vbp，请先装入该工程文件，然后完成以下操作。

在名称为 Form1 的窗体上画三个命令按钮，其名称分别为 C1、C2 和 C3，标题分别为 "读入数据"、"计算"和"存盘"，如图 2-2-80 所示。程序运行后，如果单击"读入数据"按钮，则调用题目中提供的 ReadData1、ReadData2 过程读入 datain1. txt 和 datain2. txt 文件中的各 20 个整数，分别放入两个数组 Arr1 和 Arr2 中；如果单击"计算"按钮，则把两个数组中对应下标的元素相减，其结果放入第三个数组中（即第一个数组的第 n 个元素减去第二个数组的第 n 个元素，其结果作为第三个数组的第 n 个元素。这里的 n 为 1、2、…、20），最后计算第三个数组各元素之和，并把所求得的和在窗体上显示出来；如果单击"存盘"按钮，则调用题目中给出的 WriteDate 过程将计算结果存入考生文件夹下的 dataout. txt 文件中。

注意：不得修改窗体文件中已存在的程序，必须把求得的结果用"存盘"按钮存入 20 号文件夹下的 dataout. txt 文件中。最后把修改后的文件按原文件名存盘。

第 21 题

在"指定盘\VB 程序设计实验素材\实验 2\综合应用题\21"文件夹下有一个工程文件 sjt5. vbp，相应的窗体文件为 sjt5. frm，此外还有一个名为 datain. txt 的文本文件，其内容如下：

32 43 46 57 28 12 98 57 31 42 53 64 75 86 97 13 24 35 46 57 68 79 80 59 37

程序运行后单击窗体，将把文件 datain. txt 中的数据输入到二维数组 Mat 中，在窗体上按 5 行、5 列的矩阵形式显示出来，然后交换矩阵第二列和第四列数据，并在窗体上输出交换后的矩阵，如图 2-2-81 所示。在窗体的代码窗口中，已给出了部分程序，这个程序不完整，请把它补充完整。并能正确运行。

要求：去掉程序中的注释符，把程序中的"?"改为正确的内容（可以是多行），使其实现上述功能，但不能修改程序中的其他部分。最后把修改后的文件按原文件名存盘。

图　2-2-81

第 22 题

在名称为 Form1 的窗体上画一个文本框，其名称为 Text1，可以多行显示，并有垂直滚动条；然后再画三个命令按钮，其名称分别为 Command1、Command2 和 Command3，标题分别为"取数"、"排序"、和"存盘"，如图 2-2-82 所示，编写适当的事件过程。程序运行后，如果单击"取数"命令按钮，则将"指定盘\VB 程序设计实验素材\实验 2\综合应用题\22"文件夹的 in5. txt 文件中的 100 个整数读到组中，并在文本框中显示出来，如图 2-2-83 所示；如果单击"排序"命令按钮，则对这 100 个整数按从大到小的顺序进行排序，并把排序后大于 500 的数在文本框中显示出来；如果单击"存盘"命令按钮，则把文本框中所有的数（即排序后大于 500 的）保存到 22 号文件夹下的文件 out5. txt 中。

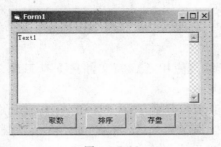

图　2-2-82

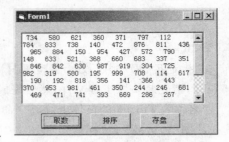

图　2-2-83

注意：

（1）必须把排序后大于 500 的所有整数保存到文件 out5. txt 中。

（2）存盘时必须存放在 22 号文件夹下，工程文件名为 sjt5. vbp，窗体文件名为 sjt5. frm。

　Visual Basic 程序设计习题与实验指导

第 23 题

在名称为 Form1 的窗体上画一个文本框,名称为 Text1,允许多行显示;再画三个命令按钮,名称分别为 C1、C2 和 C3,标题分别为"输入"、"转换"和"存盘",如图 2-2-84 所示。请编写适当的事件过程,使得在运行时,单击"输入"按钮,则从"指定盘\VB 程序设计实验素材\实验 2\综合应用题\23"文件夹中读入 in5.txt 文件(文件中只有字母和空格),放入 Text1 中;单击"转换"按钮,则把 Text1 中的所有小写字母转换为大写字母;单击"存盘"按钮,则把 Text1 中的内容存入 out5.txt 文件中。

注意:必须把转换后的内容用"存盘"按钮存入到 out5.txt 文件中。工程文件以文件名 sjt5.vbp 存盘,窗体文件以文件名 sjt5.frm 存盘。

图　2-2-84

图　2-2-85

第 24 题

在"指定盘\VB 程序设计实验素材\实验 2\综合应用题\24"文件夹下有一个工程文件 sjt5.vbp,窗体如图 2-2-85 所示。运行程序时,从数据文件中读取学生的"成绩"。要求编写程序,统计总人数、平均分(四舍五入取整)、及格人数和不及格人数,将统计结果显示在相应的文本框中。结束程序之前,必须单击"保存"按钮,保存统计结果。

注意:不能修改程序的其他部分和控件属性。程序调试通过后,运行程序,将统计结果显示在文本框中,再按"保存"按钮保存数据。最后把修改后的文件按原文名存盘。

第 25 题

在"指定盘\VB 程序设计实验素材\实验 2\综合应用题\25"文件夹下有一个工程文件 sjt5.vbp,装入该工程文件。窗体上有一个名称为 Text1 的文本框,三个命令按钮,名称分别为 Command1、Command2 和 Command3,标题分别为"读文件"、"删除"和"计算/保存"。程序运行后,单击"读文件"命令按钮,将 in5.txt 文件中的内容显示在 Text1 中,如图 2-2-86 所示;单击"删除"命令按钮,删除 Text1 中的字母"A"、"D"、"R"和"S"(小写字母也删),并将删除后的文本显示在 Text1 中,如图 2-2-87 所示;单击"计算/保存"命令按钮,则计算当前 Text1 中显示的所有字符(删除后)的 ASCII 码之和,并把结果保存到 25 号文件夹下的 out5.txt 文件中。

要求:

(1) 要删除的字母不区分大小写。

(2) 不要改变窗体中各控件的属性设置及事件过程。

(3) 编写"计算/保存"按钮的事件过程。

(4) "删除"按钮的事件过程不完整,去掉程序中的注释符,把程序中的"?"改为正确的内容,使程序能正常运行。最后把修改后的文件按原文件名存盘。

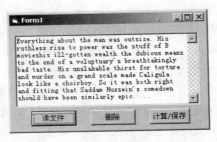

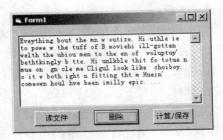

图　2-2-86　　　　　　　　　　　　　　　　图　2-2-87

第 26 题

数列：$1,1,2,3,5,8,13,21,\cdots$，的规律是从第 3 个数开始，每个数是它前面两个数之和。

在"指定盘\VB 程序设计实验素材\实验 2\综合应用题\26"文件夹下有一个工程文件 sjt5.vbp。窗体中已经给出了所有控件，如图 2-2-88 所示。请编写适当的事件过程完成以下功能：选中一个单选按钮后，单击"计算"按钮，则计算出上述数列的第 n 项的值，并显示在文本框中，n 是选中的单选按钮后面的数值。（提示：因计算结果较大，应使用长整列变量。）

注意：不能修改已经给出的程序和已有的控件的属性；在结束程序运行之前，必须选中一个单选按钮，并单击"计算"按钮获得一个结果；必须使用窗体右上角的关闭按钮结束程序。最后把修改后的文件按原文件名存盘。

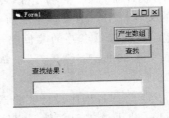

图　2-2-88　　　　　　　　　　　　　　　　图　2-2-89

第 27 题

在"指定盘\VB 程序设计实验素材\实验 2\综合应用题\27"文件夹下有一个工程文件 sjt5.vbp，其窗体上画有两个名称分别为 Text1、Text2 的文本框，其中 Text1 可多行显示。请画两个名称为 Command1、Command2，标题为"产生数组"、"查找"的命令按钮，如图 2-2-89 所示。程序功能如下：

（1）单击"产生数组"按钮，则用随机函数生成 10 个 0～100 之间（不含 0 和 100）互不相同的数值，并将它们保存到一维数组 a 中，同时也将这 10 个数值显示在 Text1 文本框中。

（2）单击"查找"按钮将弹出输入对话框，接收用户输入的任意一个数，并在一维数组 a 中查找该数，若查找失败，则在 Text2 文本框内显示"该数不存在于数组中"；否则给出该数在数组中的位置。

要求：请去掉程序中的注释符，把程序中的"?"改为正确的内容，使其实现上述功能，但不能修改窗体文件中已存在的程序控件和程序，最后把修改后的文件按原文件名存盘。

第 28 题

在"指定盘\VB 程序设计实验素材\实验 2\综合应用题\28"文件夹下有一个工程文件 sjt5.vbp，其窗体上有两个文本框，名称分别为 Text1、Text2；还有三个命令按钮，名称分别为 C1、C2 和 C3，标题分别为"输入"、"计算"和"存盘"，如图 2-2-90 所示。并有一个函数过程 isprime(a) 可以在程序中直接调用，其功能是判断参数 a 是否为素数，如果是素数，则返回 True，否则返回 False。请编写适当的事件过程，使得在运行时，单击"输入"按钮，就把文件 in5.txt 中的整数放入 Text1 中；单击"计算"按钮，则找出大于 Text1 中的整数的第 1 个素数，并显示在 Text2 中，单击"存盘"按钮，则把 Text2 中的计算结果存入 28 号文件夹下的 out5.dat 文件中。

图　2-2-90

注意：不得修改 isprime 函数过程和控件的属性，必须把计算结果通过"存盘"按钮存入 out5.txt 文件中。

第 29 题

在"指定盘\VB 程序设计实验素材\实验 2\综合应用题\29"文件夹下有一个工程文件 sjt5.vbp，包含了所有控制和部分程序。程序运行时，单击"打开文件"按钮，则弹出"打开"对话框，默认文件类型为"文本文件"，默认目录为 29 号文件夹。选中 in5.txt 文件，如图 2-2-91 所示，单击"打开"按钮，则把文件中的内容读入并显示在文本框（Text1）；单击"修改内容"按钮，则可把 Text1 中的大写字母 E、N、T 改为小写，把小写字母 e、n、t 改为大写；单击"保存文件"按钮，则弹出"另存为"对话框，默认文件类型为"文本文件"，默认目录为 29 号文件夹，默认文件为 out5.txt，单击"保存"按钮，则把 Text1 中修改后的内容存到 out5.txt 文件中。

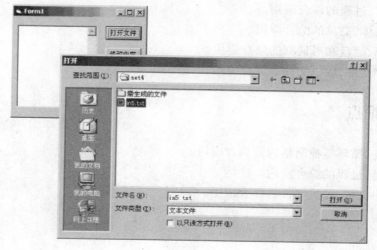

图　2-2-91

窗体中已经给出了所有控件和程序,但程序不完整,去掉程序中的注释符,把程序中的"?"改为正确的内容,并编写"修改内容"按钮的 Click 事件过程。

注意:不得修改已经存在的程序。必须把 Text1 中修改后的内容用"保存文件"按钮存储结果。最后,按原文件名把程序存盘。

第 30 题

在"指定盘\VB 程序设计实验素材\实验 2\综合应用题\30"文件夹下有一个工程文件 sjt5.vbp,其窗体上画有 3 个文本框,其名称分别为 Text1、Text2 和 Text3,其中 Text1、Text2 可多行显示。请画 3 个名称为 Cmd1、Cmd2 和 Cmd3,标题为"产生数组"、"统计"和"退出"的命令按钮,如图 2-2-92 所示。程序功能如下:

图　2-2-92

(1) 单击"产生数组"按钮时,则用随机函数生成 20 个 0~100 之间(不含 0 和 100)的数值,并将其保存到一维数组 a 中,同时也将这 20 个数值显示在 Text1 文本框内。

(2) 单击"统计"按钮时,统计出数组 a 中出现频率最高的数值及其出现的次数,并将出现频率最高的数值显示在 Text2 文本框内、出现频率最高的次数显示在 Text3 文本框内。

请将程序中的注释符去掉,把程序中的"?"改为正确的内容,使其实现上述功能。

注意:不得修改窗体文件中已存在的程序控件和程序,最后把修改后的文件按原文件名存盘。

五、实验重点

(1) 分支、循环等控制结构的综合应用。
(2) 数组、过程的综合应用。
(3) 多窗体、菜单的综合应用。
(4) 鼠标、键盘和对话框的综合应用。
(5) 顺序文件、随机文件的综合应用。

六、实验难点

(1) 分支、循环等控制结构的综合应用。
(2) 数组、过程的综合应用。
(3) 顺序文件、随机文件的综合应用。

———————— Visual Basic 程序设计习题与实验指导

读者意见反馈

亲爱的读者：

感谢您一直以来对清华版计算机教材的支持和爱护。为了今后为您提供更优秀的教材，请您抽出宝贵的时间来填写下面的意见反馈表，以便我们更好地对本教材做进一步改进。同时如果您在使用本教材的过程中遇到了什么问题，或者有什么好的建议，也请您来信告诉我们。

地址：北京市海淀区双清路学研大厦 A 座 602　　　计算机与信息分社营销室　收

邮编：100084　　　　　　　　电子邮件：jsjjc@tup.tsinghua.edu.cn

电话：010-62770175-4608/4409　　　邮购电话：010-62786544

教材名称：Visual Basic 程序设计习题与实验指导

ISBN：978-7-302-19193-3

个人资料

姓名：＿＿＿＿＿＿＿＿　年龄：＿＿＿＿＿　所在院校/专业：＿＿＿＿＿＿＿＿＿

文化程度：＿＿＿＿＿＿＿　通信地址：＿＿＿＿＿＿＿＿＿＿＿＿＿＿＿＿＿

联系电话：＿＿＿＿＿＿＿　电子信箱：＿＿＿＿＿＿＿＿＿＿＿＿＿＿＿＿＿

您使用本书是作为： □指定教材 □选用教材 □辅导教材 □自学教材

您对本书封面设计的满意度：

□很满意 □满意 □一般 □不满意　改进建议＿＿＿＿＿＿＿＿＿＿＿＿＿＿＿

您对本书印刷质量的满意度：

□很满意 □满意 □一般 □不满意　改进建议＿＿＿＿＿＿＿＿＿＿＿＿＿＿＿

您对本书的总体满意度：

从语言质量角度看 □很满意 □满意 □一般 □不满意

从科技含量角度看 □很满意 □满意 □一般 □不满意

本书最令您满意的是：

□指导明确 □内容充实 □讲解详尽 □实例丰富

您认为本书在哪些地方应进行修改？（可附页）

＿＿＿＿＿＿＿＿＿＿＿＿＿＿＿＿＿＿＿＿＿＿＿＿＿＿＿＿＿＿＿＿＿＿＿＿＿

＿＿＿＿＿＿＿＿＿＿＿＿＿＿＿＿＿＿＿＿＿＿＿＿＿＿＿＿＿＿＿＿＿＿＿＿＿

您希望本书在哪些方面进行改进？（可附页）

＿＿＿＿＿＿＿＿＿＿＿＿＿＿＿＿＿＿＿＿＿＿＿＿＿＿＿＿＿＿＿＿＿＿＿＿＿

＿＿＿＿＿＿＿＿＿＿＿＿＿＿＿＿＿＿＿＿＿＿＿＿＿＿＿＿＿＿＿＿＿＿＿＿＿

电子教案支持

敬爱的教师：

为了配合本课程的教学需要，本教材配有配套的电子教案（素材），有需求的教师可以与我们联系，我们将向使用本教材进行教学的教师免费赠送电子教案（素材），希望有助于教学活动的开展。相关信息请拨打电话 010-62776969 或发送电子邮件至 jsjjc@tup.tsinghua.edu.cn 咨询，也可以到清华大学出版社主页（http://www.tup.com.cn 或 http://www.tup.tsinghua.edu.cn）上查询。

高等学校计算机基础教育教材精选